RECUEIL
DE
PROBLÈMES NUMÉRIQUES

Renfermant près de 3,000 Questions graduées sur toutes les parties de l'Arithmétique.

OUVRAGE DESTINÉ AUX ÉLÈVES DE TOUTES LES ÉCOLES,

ET

RÉDIGÉ POUR SERVIR D'APPLICATION A TOUS LES TRAITÉS D'ARITHMÉTIQUE,

PAR J. GEORGE,
Bachelier ès-sciences.

RÉPONSES ET SOLUTIONS. — PARTIE DU MAITRE.

PARIS.
Librairie Ecclésiastique et Classique
DE CH. FOURAUT,
(ANCIENNE MAISON ÉDOUARD TETU ET COMP.)
Rue Saint-André-des-Arcs, 47.

RECUEIL
DE
PROBLÈMES NUMÉRIQUES

RENFERMANT

DANS 2140 EXERCICES ET PROBLÈMES DISTINCTS

PLUS DE 3000 QUESTIONS GRADUÉES

SUR TOUTES LES PARTIES DE L'ARITHMÉTIQUE

OUVRAGE DESTINÉ AUX ÉLÈVES DE TOUTES LES ÉCOLES

ET RÉDIGÉ POUR SERVIR

D'APPLICATION A TOUS LES TRAITÉS D'ARITHMÉTIQUE

PAR J. GEORGE

Bachelier ès sciences et Licencié ès lettres

EXERCICES ET PROBLÈMES. — PARTIE DU MAITRE.

NOUVELLE ÉDITION

REVUE ET CORRIGÉE AVEC LE PLUS GRAND SOIN

PARIS

LIBRAIRIE ECCLÉSIASTIQUE, CLASSIQUE, ÉLÉMENTAIRE

DE CH. FOURAUT

Rue Saint-André-des-Arts, 47.

1857

Tout exemplaire non revêtu de la signature de l'Auteur et de celle de l'Editeur sera réputé contrefait.

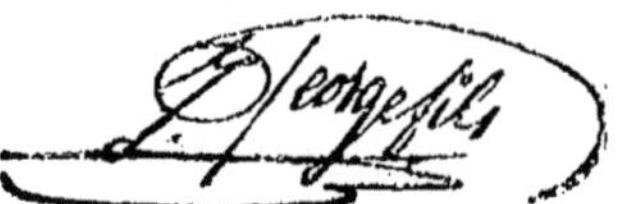

AVIS IMPORTANT.

Quelques erreurs s'étant glissées pendant l'impression dans plusieurs énoncés de problèmes du volume (partie de l'élève), elles ont été rectifiées dans celui-ci.

Une note placée à la suite de chaque solution rectifiée indique la partie de l'énoncé sur laquelle porte la rectification.

Paris. — Typographie de Mme Ve Dondey-Dupré, rue Saint-Louis, 46, au Marais.

TABLE DES MATIÈRES

PREMIÈRE PARTIE

NUMÉRATION

Exercices sur la *formation* des nombres entiers et décimaux. 1

Exercices sur la manière d'*énoncer* et d'*écrire* les nombres entiers et décimaux........................... 8

Numération romaine.................................... 14

Exercices sur les *nombres romains*.................... 14

Système métrique...................................... 16

Exercices sur les *unités* du *système métrique*............ 16

Problèmes sur la *numération* et les *mesures métriques*.... 22

Addition.

Exercices sur l'*addition* des nombres entiers et décimaux.. 26

Problèmes sur l'*addition* des nombres entiers et décimaux.. 28

Soustraction.

Exercices sur la *soustraction* des nombres entiers et décimaux 38

Problèmes sur la *soustraction* des nombres entiers et décimaux 40

Problèmes sur l'*addition* et la *soustraction*.............. 49

Multiplication.

Exercices sur la *multiplication* des nombres entiers et décimaux... 59

Problèmes sur la *multiplication* des nombres entiers et décimaux... 63

Problèmes sur l'*addition*, la *soustraction* et la *multiplication* des nombres entiers et décimaux.............. 73

Division.

Exercices sur la *division* des nombres entiers et décimaux.. 81

Problèmes sur la *division* des nombres entiers et décimaux. 85

Problèmes sur l'*addition*, la *soustraction*, la *multiplication* et la *division* des nombres entiers et décimaux......... 98

DIVISIBILITÉ DES NOMBRES 101
EXERCICES sur la divisibilité des nombres 101
EXERCICES sur la recherche du plus grand commun diviseur. 102

FRACTIONS ORDINAIRES

EXERCICES sur les fractions ordinaires 103
Manière d'*énoncer* et d'*écrire* les fractions............... 103
Transformation des fractions et des nombres fractionnaires. 104

Calcul des fractions et des nombres fractionnaires.

EXERCICES sur l'*addition*, la *soustraction*, la *multiplication* et la *division* des fractions et des nombres fractionnaires. 108
PROBLÈMES sur les fractions et les nombres fractionnaires. .. 111
Addition.......... 111
Soustraction 112
Multiplication.. 113
Division.. 114
PROBLÈMES DIVERS sur les fractions et les nombres fractionnaires 116
PROBLÈMES DIVERS sur les quatre opérations fondamentales de l'Arithmétique, appliquées aux *nombres entiers* et *décimaux*, aux *fractions* et aux *nombres fractionnaires*.... 119

DEUXIÈME PARTIE

RÈGLES DE TROIS.. 125
PROBLÈMES sur les Règles de trois....................... 125
RÈGLES D'INTÉRÊTS.. 129
PROBLÈMES sur les Règles d'intérêts...................... 129
RÈGLES D'ESCOMPTE ET DE CHANGE........................... 133
PROBLÈMES sur les Règles d'escompte et de change........ 133
RÈGLES DE SOCIÉTÉ ET DE PARTAGE.......................... 134
PROBLÈMES sur les Règles de société et de partage........ 134
RÈGLES DE MÉLANGE OU D'ALLIAGE........................... 139
PROBLÈMES sur la Règle de mélange ou d'alliage.......... 139
RÉCAPITULATION GÉNÉRALE........ 143
PROBLÈMES DIVERS.. 143

RECUEIL

DE

PROBLÈMES NUMÉRIQUES

PREMIÈRE PARTIE

NUMÉRATION

I. Exercices

SUR LA FORMATION DES NOMBRES ENTIERS ET DÉCIMAUX
ET SUR LA MANIÈRE DE LES REPRÉSENTER.

Nombres entiers.

1. RÉPONSE. Ce sont dix *plus* un ou *onze;* onze *plus* un ou *douze;* douze *plus* un ou *treize;* treize *plus* un ou *quatorze;* quatorze *plus* un ou *quinze;* quinze *plus* un ou *seize*.

2. RÉPONSE. Ce sont vingt-sept *plus* un ou *vingt-huit;* vingt-huit *plus* un ou *vingt-neuf;* vingt-neuf *plus* un ou *trente;* trente *plus* un ou *trente et un;* trente *plus* deux ou *trente-deux;* trente *plus* trois ou *trente-trois;* trente *plus* quatre ou *trente-quatre.*

3. RÉPONSE. Ce sont soixante-neuf *plus* un ou *soixante-dix;* soixante-dix *plus* un ou *soixante et onze;* soixante et onze *plus* un ou *soixante-douze;* soixante-douze *plus* un ou *soixante-treize;* soixante-treize *plus* un ou *soixante-quatorze;* soixante-quatorze *plus* un ou *soixante-quinze;* soixante-quinze *plus* un ou *soixante-seize;* soixante-seize *plus* un ou *soixante-dix-sept;* soixante-dix-sept *plus* un ou *soixante-dix-huit;* soixante-dix-huit *plus* un ou *soixante-dix-neuf;* soixante-dix-neuf *plus* un ou *quatre-vingts*; quatre-vingts *plus* un ou *quatre-vingt-un;* quatre-vingt-un *plus* un ou *quatre-vingt-deux.*

4. Réponse. Ce sont quatre-vingt-dix-neuf *plus* un ou *cent;* cent *plus* un ou *cent un;* cent *plus* deux ou *cent deux;* cent *plus* trois ou *cent trois*; cent *plus* quatre ou *cent quatre.*

5. Réponse. C'est le nombre *quarante.*

6. Réponse. C'est le nombre *cinquante.*

7. Réponse. C'est le nombre *soixante.*

8. Réponse. C'est le nombre *mille.*

9. Réponse. C'est le nombre *un million.*

10. Réponse. C'est le nombre quatre-vingt-dix-neuf *mille,* neuf cent quatre-vingt-dix-neuf.

11. Réponse. C'est le nombre neuf cent quatre-vingt-dix-neuf *millions,* neuf cent quatre-vingt-dix-neuf *mille,* neuf cent quatre-vingt-dix-neuf.

12. Réponse. Ce sont les nombres neuf cent quatre-vingt-dix-neuf *billions;* neuf cent quatre-vingt-dix-neuf *millions*, neuf cent quatre-vingt-dix-neuf *mille,* neuf cent quatre-vingt-dix-neuf; et neuf cent quatre-vingt-dix-neuf *trillions,* neuf cent quatre-vingt-dix-neuf *billions,* neuf cent quatre-vingt-dix-neuf *millions*, neuf cent quatre-vingt-dix-neuf *mille,* neuf cent quatre-vingt-dix-neuf.

13. Réponse. C'est l'*unité* de *mille.*

14. Réponse. C'est la *centaine* de *mille.*

15. Réponse. Entre les *dizaines* de *mille* et les *centaines* d'*unités.*

16. Réponse. C'est la *centaine*.

17. Réponse. Entre les *dizaines* de *million* et les *centaines* de *mille*.

18. Réponse. Il en faut *cent*.

19. Réponse. Il en faut *mille*.

20. Réponse. C'est la *centaine* de *mile*

21. Réponse. Il en faut *cent*.

22. Réponse. C'est la *dizaine* de *billion*.

23. Réponse. Entre les *unités* de *billion* et les *dizaines* de *million*.

24. Réponse. Les dizaines de mille occupent dans un nombre le *cinquième* rang.

25. Réponse. Les unités de million occupent dans un nombre le *septième* rang.

26. Réponse. Les dizaines de billion occupent dans un nombre le *onzième* rang.

27. Réponse. Un nombre de quatre chiffres est composé d'*unités de mille*, de *centaines*, de *dizaines* et d'*unités simples*.

28. Réponse. Ce nombre sera représenté par *trois* chiffres.

29. Réponse. Ce sont les *unités de mille*.

30. Réponse. Ce sont les *unités de million*.

31. Réponse. Ce nombre est représenté par *huit* chiffres.

32. Réponse. Ce nombre est composé de *douze* chiffres.

33. Réponse. Le chiffre 3 représente dans ce nombre les *centaines* d'unité simple.

34. Réponse. Le chiffre 7 représente dans ce nombre les *dizaines* de mille.

35. Réponse. Le chiffre 5 occupera dans ce nombre le *huitième* rang.

36. Réponse. Le chiffre 8 tient dans ce nombre la place des *centaines* de mille.

37. RÉPONSE. Les plus hautes unités de ce nombre sont des *billions* ou *milliards*.

38. RÉPONSE. Ce nombre sera représenté par *neuf* chiffres.

39. RÉPONSE. Les dizaines dans ce nombre sont remplacées par *zéro*.

40. RÉPONSE. Le zéro tient dans ce nombre la place des *dizaines* de mille.

41. RÉPONSE. Le zéro occupe dans ce nombre le *sixième* rang.

42. RÉPONSE. Les zéros seront placés dans ce nombre l'un au *septième*, l'autre au *quatrième* rang.

43. RÉPONSE. Le chiffre 3 représente dans ce nombre les *unités* de mille, le chiffre 6 les *dizaines* de million.

44. RÉPONSE. Les unités de ce nombre, représentées par des chiffres significatifs, sont les *dizaines* de mille et les *dizaines*.

45. RÉPONSE. Les unités qui manquent dans ce nombre sont les *dizaines* de mille et les *centaines*.

46. RÉPONSE. L'unité suivie de quatre zéros représente des *dizaines* de mille.

47. RÉPONSE. L'unité doit être suivie de *six* zéros.

48. RÉPONSE. Les unités, représentées dans ce nombre par des chiffres significatifs, sont les *unités* de million, les *dizaines* de mille, les *unités* de mille et les *unités simples*.

49. RÉPONSE. Les deux chiffres significatifs de ce nombre sont séparés par *quatre* zéros.

50. RÉPONSE. Les plus hautes unités de ce nombre sont les *dizaines* de mille ; il contient *deux* zéros qui occupent le *premier* et le *second* rang.

51. RÉPONSE. Il y a dans ce nombre *quatre* zéros qui tiennent la place des *dizaines* et des *unités* de mille, des *dizaines* et des *unités;* ils occupent les *cinquième* et *quatrième*, les *deuxième* et *premier* rangs.

52. Réponse. Les zéros représentent dans ce nombre les *centaines*, les *dizaines* de mille et les *unités* de million ; ce nombre contient *neuf* chiffres.

53. Réponse. Les plus hautes unités de ce nombre sont les *centaines* de million ; les zéros tiennent la place des *centaines* de mille et des *unités* de mille.

54. Réponse. Ce nombre renferme *deux* zéros qui occupent les *cinquième* et *troisième* rangs ; ses plus hautes unités sont les *unités* de billion.

55. Réponse. Les plus hautes unités de ce nombre sont les *dizaines* de million ; il renferme *un* zéro qui tient la place des *dizaines* de mille.

56. Réponse. Ce nombre est représenté par *sept* chiffres ; les deux zéros sont séparés par *un* seul chiffre.

57. Réponse. Les chiffres significatifs dans ce nombre occupent les *onzième*, *cinquième* et *deuxième* rangs ; il contient *huit* zéros.

58. Réponse. Le chiffre 4 représente dans ce nombre les *centaines* de mille ; le chiffre 7 y occupe le *cinquième* rang.

59. Réponse. Le chiffre 9 représente dans ce nombre les *centaines* de mille ; le zéro tient la place des *centaines*.

60. Réponse. Le chiffre 8, dans ce nombre, occupe le *sixième* rang ; le chiffre 5 y représente les *centaines* de million.

61. Réponse. Elle représentera *dix mille*.

62. Réponse. On devra ajouter à ce nombre *trois* zéros.

63. Réponse. Il faudra supprimer *quatre* zéros.

64. Réponse. Il représentera le nombre *dix mille*.

65. RÉPONSE. Le chiffre 3 représentera alors des *centaines.*

66. RÉPONSE. Le chiffre 5 représentera alors des *dizaines* de mille.

67. RÉPONSE. Le chiffre 9 exprimait d'abord des *centaines.*

68. RÉPONSE. Le chiffre 5 représente alors des *dizaines.*

69. RÉPONSE. Le chiffre 9 représentera alors des *dizaines* de mille.

70. RÉPONSE. Le chiffre 4 représentera alors des *centaines* de million, et le chiffre 7 occupera le *cinquième* rang.

Nombres décimaux.

71. RÉPONSE. Ce chiffre occupe le *troisième* rang.

72. RÉPONSE. Il en faut *dix.*

73. RÉPONSE. L'unité décimale, qui vaut à elle seule cent *dix-millièmes,* est le *centième.*

74. RÉPONSE. Il en faut *mille.*

75. RÉPONSE. Entre les *cent-millièmes* et les *dix-millionnièmes.*

76. RÉPONSE. Le chiffre 7 occupe le *septième* rang après la virgule.

77. RÉPONSE. Ce sont les *cent-millièmes.*

78. RÉPONSE. Ce sont les *dixièmes.*

79. RÉPONSE. Il en faut *cent.*

80. RÉPONSE. Les plus petites unités de cette fraction décimale sont les *cent-millièmes.*

81. RÉPONSE. Le zéro remplace les *dix-millièmes.*

82. RÉPONSE. Le chiffre 9 occupe dans ce nombre le *cinquième* rang après la virgule.

83. RÉPONSE. Le chiffre 7, dans ce nombre, représente des *millionnièmes.*

84. RÉPONSE. Ce chiffre se trouve placé au *sixième* rang après la virgule.

85. RÉPONSE. Le chiffre 4 tient dans ce nombre la place des *millièmes*, le zéro celle des *millionnièmes*.

86. RÉPONSE. Le chiffre 4 occupe le *deuxième* rang après la virgule, les plus petites unités sont des *dix-millionnièmes*.

87. RÉPONSE. Les chiffres 7 et 5 occupent respectivement, dans cette expression, les *troisième* et *cinquième* rangs après la virgule, qui est elle-même suivie de *six* chiffres.

88. RÉPONSE. Les plus hautes unités décimales dans cette expression, sont les *millièmes*.

89. RÉPONSE. Ce nombre est composé de *six* chiffres.

90. RÉPONSE. Les plus petites unités de ce nombre sont des *millièmes*, ses plus hautes sont des *mille*.

91. RÉPONSE. Il ne change pas de valeur.

92. RÉPONSE. Elle représentera des unités 10, 100 ou 1 000 fois plus petites.

93. RÉPONSE. Dans le premier cas il *augmente*, dans le second il *diminue*.

94. RÉPONSE. Il deviendra (34 709,2) *cent* fois plus *grand*.

95. RÉPONSE. Elle deviendra (4,5 634) *cent* fois plus *petite*.

96. RÉPONSE. En avançant la virgule d'*un* rang vers la droite (53,47).

97. RÉPONSE. En reculant la virgule de *deux* rangs vers la gauche (6,7 439).

98. RÉPONSE. Elle avancera d'*un* rang vers la droite (3582,57).

99. RÉPONSE. Elle reculera de *trois* rangs vers la gauche (3,57 802).

100. RÉPONSE. Il deviendra *cent* fois plus *grand* (74 309).

101. Réponse. Il faut reculer la virgule de *deux* rangs vers la gauche ; le chiffre 2 représentera alors des *cent-millièmes* (1,35 302).

102. Réponse. On avancera la virgule de *trois* rangs vers la droite ; les chiffres extrêmes représenteront alors des *dizaines* et des *millièmes* (74,003).

103. Réponse. Dans le premier cas, le chiffre 7 représentera des *dizaines*, dans le second, il exprimera des *dix-millièmes*.

104. Réponse. Il suffit de placer *un* zéro avant la virgule, sur la droite de ce nombre.

105. Réponse. Il faut ajouter *deux* zéros à la partie décimale, immédiatement après la virgule.

106. Réponse. En ajoutant *trois* zéros sur la droite de ce nombre et en faisant suivre le *premier* de la virgule (0,0 037854).

107. Réponse. Ce chiffre représentera alors des *cent-millièmes*.

108. Réponse. Le chiffre 2 exprimera alors des *cent-millièmes*.

109. Réponse. Le chiffre 5 représentera alors des *centaines*.

110. Réponse. Le chiffre 4 représentait d'abord des *dizaines*.

II. Exercices

SUR LA MANIÈRE D'ÉNONCER ET D'ÉCRIRE LES NOMBRES ENTIERS ET DÉCIMAUX (1).

Nombres entiers.

111. Réponse. Seize ; trente-sept ; cinquante-neuf ; soixante-dix-huit ; quatre-vingt-seize.

---

(1) La plupart des auteurs, pour indiquer la division des nombres écrits en tranches de trois chiffres, emploient des virgules, qu'ils placent entre

112. RÉPONSE. Cent cinq; cent cinquante-neuf; trois cent quatre-vingt-quinze; sept cent soixante-sept.

113. RÉPONSE. Douze cent quarante-deux; mille vingt-sept; trois mille, cinq cent quatre-vingt-treize; huit mille, six cent quatre-vingt-douze.

114. RÉPONSE. Vingt mille, quatre cent soixante et onze; trente-deux mille, six cent quatre-vingt-dix-huit; cinquante mille, quatre-vingt-deux; quatre-vingt-deux mille, vingt; soixante mille, sept; quatre-vingt-dix-neuf mille, neuf cent quatre-vingt-dix-neuf.

115. RÉPONSE. Trois cent quarante-sept mille, cinq cent soixante-trois *unités;* trois cent soixante-huit mille, quatre *unités;* cinq cent soixante-dix mille, quatre *unités;* six cent quarante mille, cinq cent six *unités;* huit cent sept mille, cinquante *unités;* neuf cent mille, quatre cent six *unités.*

116. RÉPONSE. Quatorze cent soixante-dix-huit mille, trois cent soixante-cinq *unités;* trois millions, soixante-dix-neuf mille, six cent cinquante-sept *unités;* sept millions, huit mille, cinq cent soixante-dix-huit *unités;* neuf millions, sept cent quatre-vingt-seize mille, cinq cent quatre-vingt-dix *unités.*

117. RÉPONSE. Trois millions, cent soixante-trois mille, sept cent quatre-vingt-quinze *unités;* sept millions, quatre cent six mille, sept cents *unités;* huit millions, trois cent sept *unités;* cinq millions, quatre cent mille, soixante-deux *unités.*

118. RÉPONSE. Deux millions, trente-quatre *unités;*

---

chaque tranche. L'emploi de virgules pouvant causer de la confusion, surtout dans les nombres décimaux, où elle sert à séparer les parties décimales des unités entières, il est mieux de s'en passer alors, et de laisser entre chaque tranche un espace sensible. C'est ce que nous ferons dans le cours de cet ouvrage, chaque fois que l'occasion s'en présentera.

cinq millions, trente mille, quatre cent deux *unités;* huit millions, trois cent mille, cinq cents *unités ;* deux millions, quatre cent mille, trois *unités.*

119. Réponse. Quatre-vingt-quinze millions, sept cent soixante-dix-huit mille, six cent quatre-vingt-douze *unités;* cinquante-neuf millions, trois mille, quatre cent sept *unités;* quarante millions, trois cent mille, vingt *unités;* cinquante millions, trente mille, quarante *unités.*

120. Réponse. Soixante-dix millions, quatre cent trente-trois mille, neuf *unités;* quatre-vingt-cinq millions, quarante mille, deux *unités;* soixante millions, trois cent quatre mille, quatre-vingts *unités.*

121. Réponse. Trois cent quarante-sept millions, cinq cent quatre-vingt-neuf mille, quatre cent soixante-deux *unités;* cent soixante-dix millions, quatre cent deux mille, trois cent sept *unités.* Six cent quatre millions, trente mille, cinq *unités;* six cent quarante-trois millions, trois cent sept *unités.*

122. Réponse. Trois cent sept millions, cinquante mille, trois cent neuf *unités;* quatre cent millions, neuf cent mille, huit cents *unités;* cinq cent millions, quarante mille, trois *unités;* huit cent millions, quatre mille, six *unités.*

123. Réponse. Sept cent millions, six cents *unités;* neuf cent millions, quatre-vingts *unités;* quatre cent millions, six *unités;* neuf cent millions d'*unités.*

124. Réponse. Un billion, neuf cent soixante-sept millions, quatre cent trente-deux mille, cinq cent trois *unités;* cinq billions, quarante millions, sept cent deux mille, cinquante *unités;* six billions, trois millions, cinq mille, neuf *unités;* sept billions, quatre cent mille, quarante *unités.*

125. Réponse. Sept billions, six cent quarante mille, trente-deux *unités;* neuf billions, neuf cent quatre-vingt-dix-neuf millions, neuf cent quatre-vingt-dix-neuf mille, neuf cent quatre-vingt-dix-neuf *unités;* dix-sept billions, quarante millions, cinquante-trois mille, six *unités;* quarante-huit billions, cinquante-quatre millions, trois cent mille, vingt *unités.*

126. RÉPONSE. 15. 78. 96. 172.

127. RÉPONSE. 307. 599. 3 252.

128. RÉPONSE. 4 020. 6 031. 3 009. 47 357.

129. RÉPONSE. 40 305. 39 008. 78 020. 90 008.

130. RÉPONSE. 142 203. 304 037. 670 109. 500 075.

131. RÉPONSE. 3 483 576. 7 042 103. 3 107 079.

132. RÉPONSE. 1 007 108. 4 034 010. 8 460 027. 3 000 098.

133. RÉPONSE. 17 121 092. 10 037 104. 30 076 120. 78 120 008. 89 068 017.

134. RÉPONSE. 403 675 007. 260 000 243. 800 010 020. 503 000 047. 399 099 099.

135. RÉPONSE. 9 004 007 033. 7 000 302 004. 5 000 075 147. 1 003 000 105. 8 000 020 003.

136. RÉPONSE. 2 304 042 012. 9 000 017 037. 1 023 000 104. 2 102 000 050.

137. RÉPONSE. 43 200 026 008. 30 000 003 600. 24 007 001 014. 50 003 000 104.

138. RÉPONSE. 95 015 001 515. 76 004 001 703. 40 130 007 040. 18 010 012 034.

139. RÉPONSE. 304 006 000 042. 602 000 020 004. 615 000 001 515. 217 000 003 000. 500 000 002 009.

140. RÉPONSE. 708 104 003 002. 600 003 025 030. 300 000 000 107. 420 030 000 052. 106 000 007 010.

Nombres décimaux.

141. RÉPONSE. Quarante-cinq *centièmes*, cinq *centièmes;* quarante-trois *centièmes;* sept cent vingt-cinq *millièmes;* neuf cent cinquante-trois *millièmes.*

142. RÉPONSE. Cinq cent sept *millièmes;* quatre

mille, trois cent deux *dix-millièmes*; six mille neuf *dix-millièmes;* cinq mille, quarante-trois *dix-millièmes.*

143. RÉPONSE. Quatre mille, cinq *dix-millièmes;* sept *dix-millièmes;* trois mille, cinq cent soixante-dix-neuf *dix-millièmes.*

144. RÉPONSE. Trois cent huit *cent-millièmes;* cinquante-sept mille, quarante-trois *cent-millièmes;* cinq mille, neuf *cent-millièmes.*

145. RÉPONSE. Cent trois mille, cinquante-sept *millionnièmes*; trois cent cinq *millionnièmes;* trois mille, neuf *millionnièmes.*

146. RÉPONSE. Trente-sept mille, quarante-deux *millièmes;* soixante-quinze mille, trois *millièmes;* trois cent cinquante-huit mille, quatre *centièmes;* seize cent cinquante-neuf mille, trois cent cinquante-sept *millièmes.*

147. RÉPONSE. Quatre millions, trente-deux mille, cinq cent soixante-dix-huit *millièmes;* trente-cinq mille, sept cent vingt *unités*, trois cent sept *dix-millièmes;* trente-six mille, neuf cent soixante-dix *unités*, trois mille, cinq *dix-millièmes.*

148. RÉPONSE. Trois cent deux *unités,* quarante mille, sept cent cinq *cent-millièmes;* cinquante-sept mille, huit *unités*, deux *centièmes;* trente-quatre mille, cinq cent soixante-neuf *unités*, quatre cent vingt-cinq *millièmes.*

149. RÉPONSE. Cinq mille, six cent soixante-quatorze *unités*, cinq cent sept *cent-millièmes;* trente-quatre mille, sept *unités*, soixante-trois mille, cinq cent soixante-douze *cent-millièmes;* trente-neuf millions, cinq cent mille, sept *millionnièmes*.

150. RÉPONSE. Trois cent cinq mille, sept cent neuf *unités*, trois cent trois *dix-millièmes;* cinq millions, sept cent quatre-vingt-dix-neuf mille, huit cent cinquante-sept *dix-millionnièmes;* trois millions, quatre cent cinquante-huit mille, neuf cent soixante *unités*, trois *centièmes*.

151. RÉPONSE. 0,56. 0,078. 0,103. 0,004.

152. RÉPONSE. 0,007. 0,347. 0,3 507. 0,04 057. 0,53 006.

153. RÉPONSE. 0,0 039. 0,0 307. 0,00 358. 0,00 409.

154. RÉPONSE. 0,3 542. 0,045 037. 0,200 109. 0,336 723.

155. RÉPONSE. 370,45. 40,007. 30,6 007. 343,395.

156. RÉPONSE. 12,12 025. 34,25 337. 6,042 803.

157. RÉPONSE. 4 750,37. 152,302 007. 10 402,2 005.

158. RÉPONSE. 63 532, 4 607. 30 070, 08 006.

159. RÉPONSE. 0,0 345 000. 600 063, 4 057.

160. RÉPONSE. 0,0 036 642. 605 910,037. 94 503,0 236 004.

NUMÉRATION ROMAINE

III. Exercices

SUR LES NOMBRES ROMAINS.

161. Réponse. XV. XIX. XXXVIII. XLIX. LXXVIII. XCIX.

162. Réponse. CXXV. CXLVII. DLXXIV. DCCCXCII. CMLXXIX.

163. Réponse. MXLIII. MMMIV ou $\overline{\mathrm{III}}$IV. $\overline{\mathrm{V}}$DCVIII.

164. Réponse. MDCCCXXX. MDCCCXLVIII. MDCCCLII. MDXXXVII.

165. Réponse. La monarchie française fut fondée en CDXX.

166. Réponse. *Philippe I*^{er}, XXXIXe roi de France, monta sur le trône en MLX.

167. Réponse. *Philippe de Valois*, né en MCCXCIII, mourut en MCCCL, dans sa LVIIe année.

168. Réponse. Le connétable *Duguesclin* mourut au siége de Randan en MCCCLXXX.

169. Réponse. *La prise de la Bastille* date du XIV juillet MDCCLXXXIX.

170. Réponse. *Louis XIV* prit la direction des affaires de l'État en MDCLXI.

171. Réponse. Cet ouvrage fut imprimé en 1488.

172. Réponse. Cet ancien manuscrit date de 879.

173. Réponse. *Charlemagne* mourut en 814, après avoir régné 46 ans.

174. Réponse. Le nombre des pages de cette notice est de 118.

175. Réponse. La préface de cet ouvrage, imprimé en 1638, contient 64 pages.

176. Réponse. *Louis XIV*, né en 1638, monta sur le trône en 1643 et mourut à l'âge de 77 ans, en 1715, après un règne de 72 ans.

177. Réponse. La bataille de *Fleurus* fut livrée le 26 juin 1794.

178. La guerre de la Fronde dura de 1648 à 1653.

179. Réponse. Napoléon, né en 1769, partit pour l'Italie en 1796 ; nommé consul à vie le 2 août 1802, il fut proclamé empereur le 18 mai 1804, abdiqua le 13 avril 1814, et mourut à Sainte-Hélène le 5 mai 1821.

180. Réponse. La première proclamation de la république en France eut lieu le 21 septembre 1792, la seconde, par l'Assemblée nationale, le 4 mai 1848.

181. Réponse. $\overline{\text{DCCXCV}}\text{CCCII}$.

182. Réponse. Ce nombre est $\overline{\overline{\text{LXV}}}\,\overline{\text{DCXLII}}\text{VII}$.

183. Réponse. Ce nombre est 3 998.

184. Réponse. Ce nombre est 500 325.

185. Réponse. Elle représente le nombre 10 417 315.

186. Réponse. Les deux premières expressions représentent le nombre 99, les deux autres le nombre 499.

187. Réponse. Ces expressions représentent : les deux premières le nombre 49, les deux autres le nombre 199.

188. Réponse. Ce prix est représenté en chiffres romains par l'expression $\overline{\text{XXXVIII}}\text{DLXXXVII}$ francs.

189. Réponse. La bataille d'*Eylau* fut livrée le 8 février 1807.

190. Réponse. *Louis-Philippe I*[er], né en 1773, nommé roi en 1830, fut renversé par la révolution du 22 février 1848, dans la 18e année de son règne, et mourut en 1850.

SYSTÈME DÉCIMAL.

IV. Exercices

SUR LES UNITÉS DU SYSTÈME MÉTRIQUE.

1. — Mots multiples et sous-multiples.

191. RÉPONSE. Il en faut *cent.*

192. RÉPONSE. Il en faut *cent.*

193. RÉPONSE. Il y en a *dix mille.*

194. RÉPONSE. Il y en a *cent.*

195. RÉPONSE. Le MYRIA vaut *mille* DÉCA.

196. RÉPONSE. Le *milli* est la *millionnième* partie du KILO.

197. RÉPONSE. Le MYRIA vaut *dix mille* unités simples.

198. RÉPONSE. Le DÉCA est la *centième* partie du KILO, le *déci* vaut *dix* centi.

199. RÉPONSE. Il y a *cent mille* déci dans un MYRIA.

200. RÉPONSE. Le KILO est la *dixième* partie du MYRIA, l'HECTO vaut *mille* déci.

2. — Le mètre. Ses multiples et ses sous-multiples.

201. RÉPONSE. Le nombre $12^{M},47^{cm}$ satisfait à la question.

202. RÉPONSE. Le nombre $32^{M},075^{mm}$ satisfait à la question.

203. RÉPONSE. La hauteur de ce peuplier est $35^{M},47^{cm}$.

204. RÉPONSE. Il en contient *mille.*

205. RÉPONSE. Il y en a *dix mille.*

206. RÉPONSE. Il y en a *cent.*

207. RÉPONSE. Il en faut *cent.*

208. RÉPONSE. Il en vaut *mille.*

209. RÉPONSE. Le décamètre est *dix mille* fois plus *grand.*

210. RÉPONSE. Ce nombre contient 3 kilomètres, 4 hectomètres, 2 décamètres, 2 décimètres et 7 centimètres.

211. RÉPONSE. Il y a *soixante-huit mille* mètres.

212. RÉPONSE. Le nombre 3 600^{M},035^{mm} satisfait à la question.

213. RÉPONSE. Le cours de ce ruisseau a *dix-huit cent cinquante* hectomètres de long.

214. RÉPONSE. La longueur de cette rue est de *douze cent cinquante* mètres.

215. RÉPONSE. La distance entre ces deux objets est de 3 hectomètres, 4 décamètres, 0 mètre, 4 décimètres et 5 centimètres.

216. RÉPONSE. Cette hauteur est de *trois* mètres, *sept cent quarante-huit* millimètres (3^{M},748^{mm}).

217. RÉPONSE. 345 kilomètres valent 34 500 décamètres.

218. RÉPONSE. La longueur de cette galerie a 1 450 mètres.

219. RÉPONSE. La taille de cet homme est de 1 mètre, 7 décimètres, 4 centimètres, 8 millimètres (1^{M},7^{dm},4^{cm},8^{mm}).

220. RÉPONSE. La hauteur de la cathédrale de Strasbourg est de 142 mètres.

3. — L'are. Ses multiples et sous-multiples.

221. RÉPONSE. Le nombre 43^{HA},3^{A},37^{ca} satisfait à la question.

222. RÉPONSE. Le nombre 270^{A},35^{ca} satisfait à la question.

223. RÉPONSE. Cette expression représente *trente-sept* hectares, *quatre* ares, *cinq* centiares (37^{HA},4^{A},05^{ca}).

224. RÉPONSE. L'hectare vaut *dix mille* centiares.

225. Réponse. La superficie de ce terrain contient 304 700 ares.

226. Réponse. Cette superficie contient *trente* ares, *quarante-sept* centiares ($30^{A},47^{ca}$).

227. Réponse. La superficie de ce bois contient *treize* hectares, *cinquante* ares ($13^{HA},50^{A}$).

228. Réponse. Ce nombre contient *quatre cent cinquante mille* centiares.

229. Réponse. Ce terrain contient *dix* hectares.

230. Réponse. Le nombre $4\,725^{A},07^{ca}$ répond à la question.

4. — Stère. Ses multiple et sous-multiple.

231. Réponse. Le nombre 3^{DS}, 7^{s}, 5^{ds} répond a la question.

232. Réponse. Il en vaut *cent*.

233. Réponse. Le volume d'un madrier de 2 mètres cubes vaut 20 décistères.

234. Réponse. 3 400 stères valent 340 décastères.

235. Réponse. Il y a dans cette quantité de bois *trois* décastères, *quatre* stères, *cinq* décistères (3^{DS} 4^{s} 5^{ds}).

236. Réponse. Cette coupe a fourni *trois cent quarante-cinq* décastères, *huit* stères, *cinq* décistères (345^{DS} 8^{s} 5^{ds}).

237. Réponse. Ces 36 décastères valent 360 stères.

238. Réponse. 34 décastères valent 340 stères ou 3 400 décistères.

239. Réponse. Le nombre 374^{s}, 7^{ds} répond à cette question.

5. — Litre. Ses multiples et ses sous-multiples.

240. Réponse. Le nombre 35^{L}, 05^{cl} répond à cette question.

241. Réponse. Le kilolitre contient *mille* litres.

242. RÉPONSE. L'hectolitre est *mille* fois plus grand.

243. RÉPONSE. Il en contient *mille*.

244. RÉPONSE. La contenance de ce vase est de *trente-cinq* litres, *quarante-sept* centilitres ($35^{L},47^{cl}$).

245. RÉPONSE. Il y en a *trente-quatre mille cinq cents* ($34\,500^{L}$).

246. RÉPONSE. Ce tonneau contient *trois cent cinquante* litres (350^{L}).

247. RÉPONSE. Ce marchand a acheté *trente-cinq mille six cents* litres de vin ($35\,600^{L}$).

248. RÉPONSE. Ils en ont consommé *trois* litres, *huit cent cinq* millilitres ($3^{L},805^{ml}$).

249. RÉPONSE. On en a livré *cinq mille huit cent soixante* litres ($5\,860^{L}$), c'est-à-dire la totalité.

250. RÉPONSE. On a acheté *trois cent soixante-quatre mille, cinq cents* litres ($364\,500^{L}$) de farine, on en a vendu *soixante-quatre mille, cinq cents* décalitres ($64\,500^{DL}$).

251. RÉPONSE. Le litre est la *millième* partie du mètre cube.

252. RÉPONSE. Cette cuve contient *cinq mille* litres ($5\,000^{L}$).

253. RÉPONSE. Il y en a *cent vingt* (120^{HL}).

254. RÉPONSE. Ce réservoir contient *trente-huit mille cinq cents* décalitres ($38\,500^{DL}$).

255. RÉPONSE. Le nombre $35\,546^{L},75^{cl}$ satisfait à la question.

6. — Gramme. Ses multiples et ses sous-multiples.

256. RÉPONSE. Le nombre $835^{G},34^{cg}$ répond à la question.

257. RÉPONSE. Le poids de ce lingot est de $549^{G},75^{cg}$.

258. RÉPONSE. Il en contient *cent*.

259. RÉPONSE. L'hectogramme est *mille* fois plus grand.

260. Réponse. Il en faut *cent*.

261. Réponse. Le milligramme est *cent mille* fois plus petit.

262. Réponse. Cette expression contient *trois* kilogrammes, *quatre* hectogrammes, *cinq* décagrammes, *trois* décigrammes; *trois* centigrammes, *sept* milligrammes ($3^{KG}\ 4^{HG}\ 5^{DG}\ 0^{G},\ 3^{dG}\ 3^{cG}\ 7^{mG}$).

263. Réponse. Il y a dans cette expression *trente-huit* grammes, *cinquante-neuf* centigrammes ($38^{G}, 59^{cG}$).

264. Réponse. Il y a dans ce nombre *trente-neuf mille huit cents* décagrammes ($39\,800^{DG}$).

265. Réponse. Ce vase pèse *deux mille quatre cents* décagrammes ($2\,400^{DG}$).

266. Réponse. Cette expression contient *trente-quatre* décagrammes, *sept* grammes, *cinquante-neuf* centigrammes ($34^{DG}\ 7^{G}, 59^{cG}$).

267. Réponse. Cette expression contient *trois* kilogrammes, *quatre* hectogrammes, *six* décagrammes, *cinq* grammes, *trois* décigrammes, *quatre* centigrammes, *deux* milligrammes ($4^{KG}\ 4^{HG}\ 6^{DG}\ 5^{G},\ 3^{dG}\ 4^{cG}\ 2^{mG}$).

268. Réponse. Ce bijou pèse *cent huit* grammes, *soixante-seize* centigrammes ($108^{G}, 76^{cG}$).

269. Réponse. Ils valent *trois cent quatre-vingt-deux mille* décigrammes ($382\,000^{dG}$).

270. Réponse. Le quintal métrique pèse *cinq cent mille* grammes ($500\,000^{G}$).

271. Réponse. Un litre d'eau distillée pèse *un* kilogramme (1^{KG}), ou *mille* grammes ($1\,000^{G}$).

272. Réponse. Le kilolitre d'eau distillée pèse *un million* de grammes ($1\,000\,000^{G}$).

273. Réponse. Il y a *quarante-cinq* hectogrammes, *trente* grammes, *quatre* décigrammes ($45^{HG}\ 30^{G}, 4^{dG}$).

274. Réponse. Le poids de ce bloc de marbre est de 3 867 000 grammes.

275. RÉPONSE. La fraction décimale $0^{G},754^{mg}$ répond à cette question.

276. RÉPONSE. Le nombre $47\,543^{G},25^{cg}$ satisfait à la question.

7. — Franc. Ses sous-multiples.

277. RÉPONSE. Le nombre $330^{F},27^{c}$ répond à cette question.

278. RÉPONSE. La valeur de ce lingot est de *cent trente-sept* francs, *vingt-cinq* centimes ($137^{F},25^{c}$).

279. RÉPONSE. Il en renferme *trois mille sept cent cinquante* ($3\,750^{d}$).

280. RÉPONSE. La valeur du décime est *dix* fois plus grande.

281. RÉPONSE. Il y en a *quatr emille sept cents.*

282. RÉPONSE. Cette somme représente *trois cent cinquante-quatre* francs, *quatre-vingt-neuf* centimes ($354^{F},89^{c}$).

283. RÉPONSE. Ce coffre contient *trois mille cinq cent soixante-dix-huit* francs, *quatre* décimes ($3\,578^{F},4^{d}$).

284. RÉPONSE. *Cent* pièces de 25^{c} valent *vingt-cinq* francs (25^{F}).

285. RÉPONSE. Le poids de cent francs d'argent est de *cinq cents* grammes (500^{G}).

286. RÉPONSE. *Mille* pièces de $0^{F},1^{d}$ valent *cent* francs (100^{F}).

287. RÉPONSE. *Cent* pièces de cinq francs pèsent *vingt-cinq* hectogrammes (25^{HG}).

288. RÉPONSE. *Mille* pièces d'or de *vingt* francs pèsent $6\,451^{G}$.

289. RÉPONSE. Un poids de *cent* grammes de pièces de 2 francs vaut *vingt* francs.

290. RÉPONSE. Ces deux nombres représentent la même quantité de pièces d'or, c'est-à-dire *une* seule.

I. PROBLÈMES

SUR LA NUMÉRATION ET LES MESURES MÉTRIQUES.

291. Un fossé de 3 400 mètres de long a été creusé par 100 ouvriers ; quel a été le travail d'un seul ?

SOLUTION. Il est facile de concevoir que l'ouvrage d'un seul ouvrier ne doit être que la centième partie de celui fait par les 100 ouvriers réunis. Or, en rendant 100 fois plus petit le nombre 3 400, on obtiendra pour résultat le nombre 34, c'est-à-dire que sur la longueur totale du fossé, chaque ouvrier a creusé trente-quatre mètres.

292. Un ouvrier gagne 4 fr. par jour ; combien a-t-il gagné après dix jours ?

SOLUTION. Il est évident qu'un ouvrier en 10 jours doit gagner 10 fois plus qu'en un seul jour, on est donc conduit à rendre 10 fois plus grand le nombre 4, qui représente le gain d'une journée de travail ; en sorte que la somme gagnée après 10 jours par cet ouvrier est 40 fr.

293. 100 litres de vin ont coûté 38 fr. ; quel est le prix d'un litre ?

SOLUTION. Un litre de vin coûtera évidemment la centième partie du prix des cent litres, il coûtera donc la centième partie de 38 ou 0,38 centimes.

294. On a payé pour l'entrée d'un hectolitre de charbon de bois dans Paris 0 fr. 55 c. ; combien aurait-on payé pour en entrer 100 hectolitres ?

SOLUTION. Il est évident que pour entrer 100 hectolitres, on aurait payé 100 fois plus, c'est-à-dire 55 fr.

295. SOLUTION. Chacun d'eux touchera 245 fr.

296. SOLUTION. On devra payer 750 fr.

297. SOLUTION. Ce voyageur parcourra 400 kilomètres.

298. SOLUTION. Ce repas a coûté 250 fr.

299. Solution. On aurait payé 15 fr.

300. Solution. Cet ouvrier gagnait par jour 4 fr. 70 c.

301. Solution. Le kilog. de farine revient à 0 fr. 85 c.

302. Solution. Chaque famille recevra 25 fr.

303. Solution. Il doit en tout 650 fr., et à chaque moissonneur 65 fr.

304. Solution. Ce repas coûte 3 fr. par couvert.

305. Solution. On aurait vendu 3 250 mètres et on aurait reçu 4 857 fr. 50 c.

306. Solution. Un veau a coûté 47 fr. 85 c.

307. Solution. On en a vendu pour 225 fr.

308. Solution. Elle a été vendue 18 fr.

309. Solution. Le litre de lait a été vendu 0 fr. 32 c.

310. Solution. Les 1 000 œufs ont rapporté 70 fr.

311. Solution. Ce lingot contient 425g de cuivre.

312. Solution. Elle a parcouru 480 kilom.

313. Solution. Cet enfant devra rapporter *un décilitre* de vin.

314. Solution. L'épicier doit servir un *hectogramme* de sucre.

315. Solution. On recevra un *hectogramme* de tabac.

316. Solution. Le prix d'un hectogramme de poudre est de 0 fr. 80 c.

317. Solution. Le poids d'un sac d'argent de 1 000 fr. est de 5 kilog.

318. Solution. On demanderait 475 fr.

319. Solution. Chacun d'eux recevra 17 fr. 50 c.

320. Solution. Cet ouvrier aura gagné 425 fr.

321. Solution. On aurait payé 255 fr. 40 c.

322. Solution. On doit payer à l'octroi 12 fr.

323. Solution. Pour entrer un *décalitre* on payera 2 fr.

324. SOLUTION. On brûle par jour 225^{G} d'huile.

325. SOLUTION. Cette cheminée consommera en 10 jours 180 kilog. de charbon ; cette consommation coûtera 11 fr. 50 c.

326. SOLUTION. On a payé à l'octroi 315 fr.; les 10 quartaux reviennent ensemble à 1 220 fr.

327. SOLUTION. Chaque ouvrier doit payer pour la dépense 3 fr. 775 ; le garçon recevra 1 fr. 50 c.

328. SOLUTION. Chaque enfant possède 36 billes.

329. SOLUTION. Ces jeunes filles reçoivent par mois 225 fr.; chacune d'elles réserve 0 fr. 225 par mois pour la pauvre femme qui reçoit d'elles par mois 22 fr. 50 c.

330. SOLUTION. Cette locomotive parcourra 650 kilom.

331. SOLUTION. On prélèvera d'abord 188 fr. 50; chacun des partageants touchera ensuite 16 fr. 965.

332. SOLUTION. Chaque soldat a reçu 39 cartouches.

333. SOLUTION. Chaque pauvre a reçu 15^{HG},85^{g} de pain.

334. SOLUTION. Ce tailleur emploierait 21^{M},50^{cm} de drap et 45^{M} de soie.

335. SOLUTION. La facture doit s'élever à 5 500 fr.

336. SOLUTION. La somme allouée est de 5 000 fr.

337. SOLUTION. On a acheté 570 mètres d'étoffe pour la somme de 5 700 fr.

338. SOLUTION. La longueur de cette avenue est de 1 450 mètres.

339. SOLUTION. Chaque élève consomme 650^{G} de pain.

340. SOLUTION. La chambre de cet ouvrier est élevée à 32 mètres au-dessus du sol.

341. SOLUTION. Ce chef d'usine devra verser

pour tous les ouvriers une somme de 8 560 fr., et pour chacun d'eux 85 fr. 60 c.

342. Solution. Ils emploieraient 400 jours.

343. Solution. On lui aurait donné la même somme ou 445 fr.

344. Solution. Le rapport de ce capital serait de 1 357 fr. 50 c.

345. Solution. Ce capital eût rapporté 34 fr. 55 c.

346. Solution. La valeur de l'are est de 31 fr. 50 c.

347. Solution. Cette bibliothèque contient 120 000 volumes.

348. Solution. *Un* franc a rapporté 0 fr. 325 ; *dix mille* francs auraient rapporté 3 250 fr.

349. Solution. Ils en ont fait 365 mètres.

350. Solution. Ils en transporteraient 35 000 mètres.

351. Solution. Cette cheminée consomme en un jour 0,38 de décistère.

352. Solution. Ces sacs de blé en contiennent ensemble 24 000 litres.

353. Solution. Chaque panier renferme 85 bouteilles.

354. Solution. *Dix* pains pèseraient 45 kilog.

355. Solution. Elle dépenserait 3 558 fr. 50 c.

356. Solution. On aurait dû employer 3 stères.

357. Solution. Elle payera chaque mois 35 fr. 70 c.

358. Solution. Chaque payement annuel s'élèvera à 5 360 fr.

359. Solution. Ils auraient employé le même temps ou 10 jours.

360. Solution. Ce pépiniériste possède 1 500 pommiers, 800 poiriers, 600 abricotiers et 15 000 pieds de groseilliers.

ADDITION.

V. Exercices

SUR L'ADDITION DES NOMBRES ENTIERS ET DÉCIMAUX.

361. RÉPONSE. On a 37+75+109=221.

362. RÉPONSE. On a 329+705+3 008=4 042.

363. RÉPONSE. La somme de ces nombres est 339 709.

364. RÉPONSE. La somme de ces nombres est 890 093.

365. RÉPONSE. La somme cherchée est 2 909 750.

366. RÉPONSE. Cette somme est 31 082 224.

367. RÉPONSE. Le résultat de cette addition est 127 504 497.

368. RÉPONSE. Le résultat de cette addition est 0,9 464.

369. RÉPONSE. Cette somme est 1,454 656.

370. RÉPONSE. Le résultat cherché est 730,3 659.

371. RÉPONSE. La somme cherchée est 408,02 427.

372. RÉPONSE. Le résultat est 45 046,470 342.

373. RÉPONSE. Cette somme est 394,52 917.

374. RÉPONSE. On trouve pour résultat 57 418,54 686.

375. RÉPONSE. Cette somme est 358 228,448 926.

376. RÉPONSE. La hauteur de la flèche de l'église d'*Anvers* est de 130 mètres.

377. RÉPONSE. La prise de *Rome* par *Alaric* remonte à l'an 422.

378. RÉPONSE. *Théodoric le Grand* fonda le royaume des *Ostrogoths*, en Italie, en 493.

379. RÉPONSE. La guerre des *Deux-Roses* commença en 1450.

380. RÉPONSE. La découverte du *Brésil*, par *Cabral*, date de l'an 1500.

381. RÉPONSE. *Jean sans-Peur* fut assassiné en 1419.

382. RÉPONSE. L'étendue du *Danemark* est de 56 931 kilomètres carrés.

383. RÉPONSE. La population du royaume de *Belgique* est de 4 262 430 habitants.

384. RÉPONSE. L'étendue territoriale des *États de l'Église* est de 44 649 kilomètres carrés.

385. RÉPONSE. Le nombre des communes de *France* est de 36 835.

386. RÉPONSE. La population du département de *Seine-et-Oise* s'élève à 472 554 habitants.

387. RÉPONSE. Il y a dans le département de la *Marne* 373 302 habitants.

388. RÉPONSE. La population du *Bas-Rhin* est de 587 434 habitants.

389. RÉPONSE. Le département de la *Seine-Inférieure* renferme 762 039 habitants.

390. RÉPONSE. La superficie territoriale des trois départements *Meurthe*, *Vosges* et *Moselle*, est en hectares de 1 753 888^{HA},69^{A}.

391. RÉPONSE. Le département du *Nord* renferme 1 158 285 habitants.

II. PROBLÈMES

SUR L'ADDITION DES NOMBRES ENTIERS ET DÉCIMAUX.

392. Un ouvrier a économisé pendant le mois de janvier 22 fr., pendant le mois de février 19 ; en mars, il a mis de côté 21 fr., en avril 23, en mai 27 et en juin 35. Quelle somme a-t-il économisée pendant ces six premiers mois de l'année?

Solution. La somme totale de ses économies doit évidemment se composer de chacune des sommes économisées successivement. Si donc on additionne les nombres 22, 19, 21, 23, 27 et 35, le résultat 147 exprimera le total des économies faites par cet ouvrier.

393. Une armée a marché pendant cinq jours : le 1er jour, elle a parcouru 22 kilomètres; le 2e, elle en a fait 25, le 3e 27, le 4e 18, et le 5e 26; combien a-t-elle parcouru de kilomètres?

Solution. En réunissant les nombres qui représentent le chemin parcouru dans chaque journée, la somme qu'on obtiendra satisfera évidemment à la question.

Cette armée a parcouru dans ces cinq jours 118 kilomètres.

394. Une ouvrière achète dans un magasin de tapisserie, du canevas pour 1 fr. 25 c., des aiguilles pour 0 fr. 35 c., de la laine pour 3 fr. 55 c., de la soie pour 1 fr. 45 c.; enfin, un modèle de 0 fr. 75 c. Sa facture payée, il lui reste 7 fr. 65 c.; à combien s'élève cette facture? Combien avait-elle d'argent?

Solution. Ce problème renferme deux questions, l'une ayant pour objet la dépense faite par l'ouvrière; l'autre, la somme d'argent qu'elle possédait. Il est clair que si on ajoute le total de la facture payée aux 7 fr. 65 c. qui lui restent, le résultat satisfera à la deuxième question du problème. Or, pour connaître la somme dépensée, il faudra évidemment réunir en une seule les diverses sommes payées pour chaque objet en particulier. Le résultat de cette addition est 7,35.

L'ouvrière a donc dépensé 7 fr. 35 c.; elle avait en argent 7,35 + 7,65 ou 15 fr.

395. En 1855, la ville de Nancy renfermait 45 129 habitants; celle de Metz en avait 57 713; et celle d'Épinal en comptait 10 984; combien ces trois villes réunies renfermaient-elles d'habitants?

SOLUTION. — En réunissant en un seul les nombres qui indiquent la population respective de chacune de ces villes, la somme ainsi obtenue satisfera à la question.

En 1855, ces trois villes réunissaient 113 826 habitants.

396. Un épicier a acheté 135^{KG} 23^{DG} de sucre pour 355 fr. 75 c., il en a acheté une 2e partie de 98^{KG} 57^{DG} pour la somme de 249 fr. 50 c., enfin, il a fait un 3e achat de 375^{KG} 7^{DG} pour la somme de 748 fr. Combien a-t-il acheté de grammes de sucre? Quelle somme d'argent a-t-il déboursée?

SOLUTION. — Ce problème, comme celui du n° 394, renferme deux questions; celles-ci toutefois sont indépendantes l'une de l'autre, car on peut savoir immédiatement la somme dépensée, ou chercher d'abord la quantité de grammes de marchandise qu'on a achetée. Pour cela, il suffira de réduire d'abord en grammes les expressions représentant des kilogrammes et des décagrammes, et ensuite, de réunir en un seul les trois nombres obtenus. Pour déterminer la somme d'argent dépensée, on additionnera également les sommes payées séparément pour chaque achat divers. La 1re addition donne pour résultat 608 870; la 2e, 1 353,25.

On a acheté 608 870^{G} de sucre, qu'on a payés 1 353 fr. 25 c.

Problèmes usuels divers. — Système métrique.

397. SOLUTION. Le père a 45 ans.

398. SOLUTION. Ils ont ensemble 102 ans.

399. SOLUTION. Le père a 44 ans.

400. SOLUTION. Le père a 48 ans, la mère en a 36.

401. SOLUTION. Le plus grand de ces deux nombres est 154 525.

402. SOLUTION. Cette facture s'élève à 29 fr. 45 c.

403. SOLUTION. Cette ouvrière doit 2 fr. 25 c.

404. SOLUTION. Le nombre total des hommes qui composent ce corps d'armée est de 13 000.

405. SOLUTION. Il y avait avant le combat 100 000 cartouches.

406. SOLUTION. Chaque écolier a 44 billes; les trois en ont ensemble 132.

407. SOLUTION. Cette jeune fille a 59 épingles; la première des deux autres en avait 83; la deuxième 78.

408. SOLUTION. Cet enfant a dans sa bourse 52 pièces de 0 fr. 25 c.; sa sœur en a 61, sa cousine 76.

409. SOLUTION. Le père aura 74 ans.

410. SOLUTION. Cette fontaine a fourni 4 269 litres.

411. SOLUTION. Cette armée se compose de 136 325 hommes.

412. SOLUTION. Ce corps d'armée a éprouvé une perte de 6 633 hommes.

413. SOLUTION. Il existait avant le combat 15 000 gargousses.

414. SOLUTION. Il existe en France 350 000 000 de numéraire en circulation.

415. SOLUTION. Les impôts à la charge de la propriété foncière en France s'élèvent à 1 274 000 000 de francs.

416. SOLUTION. Le nombre des enfants qui fréquentent cette école est de 187.

417. SOLUTION. Cet instituteur a gagné dans l'année 1 476 fr.

418. SOLUTION. En 1846, les recettes des contributions indirectes se sont élevées à 285 514 181 fr.

419. SOLUTION. Ce négociant a fait pour 3 277 fr. 05 c. d'achats.

420. SOLUTION. Ce voyageur a parcouru 132 kilomètres.

421. Solution. La valeur de ces trois lingots est de 25 486 fr. 65 c.

422. Solution. Le prix d'estimation de cette propriété s'élève à 510 617 fr.

423. Solution. Il y avait 795 voyageurs.

424. Solution. La maçonnerie revient à 6 460 fr. 75 c.

425. Solution. Ce mémoire monte à 2 551 fr.

426. Solution. Ce mémoire s'élève à 970 fr. 90 c.

427. Solution. Ce mémoire monte à 869 fr. 30 c.

428. Solution. On a dépensé 361 fr. 35 c.; on avait 499 fr. 90 c.

429. Solution. Cet employé a dépensé 1 851 fr. 35 c. Il a gagné 2 326 fr. 55 c.

430. Solution. Il a chargé en tout 1 583 kilog. de marchandises.

431. Solution. Il a vendu en tout 1 344 litres de vin.

432. Solution. Le premier s'est retiré avec 255 fr.; le deuxième avec 347 fr. 50 c.; le troisième avec 602 fr. 50 c. Ce dernier est entré au jeu avec 799 fr. 50 c.

433. Solution. Ce verger contient 422 arbres.

434. Solution. Il a payé 73 fr. 80 c., et vendu pour 83 fr. 55 c.

435. Solution. Cette propriété revient à 19 965 fr. 25 c.

436. Solution. Il a 5 877 fr. à payer; il a en caisse 9 460 fr.

437. Solution. Ces trois convois ont emmené 2 991 voyageurs, et transporté 17 032 kilog. de marchandises.

438. Solution. Elle a dépensé 14 fr. 70 c.; elle avait 19 fr. 60 c.

439. Solution. Cet ouvrier dépense par jour 1 fr. 45 c. ; il gagne 2 fr.

440. Solution. Il a payé 545 fr. 35 c. ; il possédait 680 fr.

441. Solution. Ce négociant a vendu 599 mètres d'indienne, 946 mètres de toile, en tout 1 545 mètres.

442. Solution. La valeur totale du chargement de ce navire était de 140 000 fr. ; la perte éprouvée s'est élevée à 62 122 fr.

443. Solution. Ce corps pèse 177^{G} 5^{dg}.

444. Solution. Ce vase rempli d'eau pèse 425^{G} 912^{mg}.

445. Solution. Ce mélange pèse 38 621^{G}.

446. Solution. Ce vase plein d'eau et bouché pèse 408^{G} 75^{cg}.

447. Solution. Ce foudre contient 37 970 litres.

448. Solution. Cette dernière pièce contient 949 litres ; on a acheté en tout 1 898 litres.

449. Solution. La superficie totale de ce terrain est de 83^{A} 45^{ca}.

450. Solution. Il devait fournir 1 690 380^{G} de sucre.

451. Solution. On avait emprunté sur cette propriété 74 750 fr. ; elle a été vendue 106 922 fr.

452. Solution. Cette propriété revenait à 198 699 fr. ; elle a été revendue 217 674 fr.

453. Solution. On a tiré en tout 37 425 exemplaires.

454. Solution. L'ensemble des frais occasionnés pour l'emprunt hypothécaire d'une somme de 300 fr. s'élève à 31 fr. 60 c.

455. Solution. Ce père de famille abandonne à ses enfants 6 614^{A} 90^{ca} de terres et 94 000 fr. ; sa fortune en terres est de 12 214^{A} 90^{ca}, et en argent de 184 000 fr.

456. SOLUTION. Il faudra monter 178 marches. Le cinquième étage est élevé de 15^{m} 90^{cm} au-dessus du sol.

457. SOLUTION. Ces dépenses se sont élevées à 1 738 000 000 de francs.

458. SOLUTION. Les frais de simple entretien se sont élevés à 613 000 000 de francs.

459. SOLUTION. Ces dépenses de l'État pour 1848 ont été de 53 120 000 fr.

460. SOLUTION. Le budget des dépenses en France pour 1848 était de 1 572 571 069 fr.

461. SOLUTION. La presse française a produit pendant ces quatre années 32 009 volumes.

Histoire. — Chronologie.

462. SOLUTION. La création du monde remonte à 4 963 ans avant J.-C.

463. SOLUTION. *Adam*, *Mathusalem* et *Noé* vécurent ensemble l'espace de 2 853 ans.

464. SOLUTION. Il était né en 4278 avant J.-C.

465. SOLUTION. *Joseph* naquit en 2107 avant J.-C. et mourut à l'âge de 104 ans.

466. SOLUTION. Le gouvernement des *juges* avait commencé en 1605 avant J.-C.

467. SOLUTION. *David* naquit en 1072, monta sur le trône à *Hébron* en 1041, à *Jérusalem* en 1034 avant J.-C.

468. SOLUTION. Le temple de *Jérusalem* fut fondé en 988 avant J.-C.

469. SOLUTION. *Roboam*, premier roi de *Juda*, monta sur le trône en 962 avant J.-C.

470. SOLUTION. *Abraham* mourut en 2191 avant J.-C., *Moïse* naquit en 1725, et *Salomon* mourut en 962.

471. SOLUTION. La ville de *Babylone* fut bâtie en 2510; les Arabes s'en emparèrent en 2200 avant

J.-C. ; elle tomba au pouvoir des Assyriens 517 ans après sa fondation.

472. Solution. La fondation de *Ninive* date de l'an 2690 avant J.-C.

473. Solution. Les huit époques de l'Histoire sainte embrassent 5 099 années. Elles datent : la 1re de l'an 4963, la 2e de l'an 3308, la 3e de l'an 2296, la 4e de l'an 1605, la 5e de l'an 1080, la 6e de l'an 606, la 7e de l'an 332 et la 8e de l'an 6 avant J.-C.

474. Solution. *Rome* fut fondée en 754 ; la république romaine date de l'an 509 avant J.-C.

475. Solution. *Charlemagne* mourut en 814 à l'âge de 72 ans.

476. Solution. La huitième croisade fut entreprise en 1270.

477. Solution. *Louis XI* monta sur le trône en 1461 ; il mourut en 1483 à l'âge de 60 ans.

478. Solution. *François Ier* monta sur le trône en 1515 ; il mourut en 1547, à l'âge de 53 ans.

479. Solution. *Louis XIII* monta sur le trône en 1610.

480. Solution. La ville de Calais fut rendue à la France en 1648.

481. Solution. La *Saint-Barthélemy* date de 1572.

482. Solution. Le *duc d'Orléans* mourut en 1842.

483. Solution. *Louis-Philippe Ier* naquit en 1773, monta sur le trône en 1830 ; il en fut renversé à l'âge de 75 ans.

484. Solution. Le règne de *Louis XV* date de 1715.

485. Solution. La monarchie sous les trois premières races dura 1 374 ans ; la première république fut proclamée en 1792.

486. Solution. *Napoléon* fut nommé premier consul en 1799, empereur en 1804 ; il abdiqua à Fontainebleau en 1814, à l'âge de 45 ans ; mourut en 1821, à l'âge de 52 ans. Ses restes mortels furent ramenés en France en 1840.

Géographie. — Statistique.

487. SOLUTION. L'Europe est partagée en 60 États.

488. SOLUTION. La population de l'Europe est de 252 299 278 habitants.

489. SOLUTION. L'Europe a une superficie de 130 418 353 kilomètres carrés.

490. SOLUTION. La population des cinq parties du monde est de 1 040 979 872 habitants.

491. SOLUTION. La population des cinq grandes puissances de l'Europe est de 175 982 872 habitants.

492. SOLUTION. La hauteur de ces quatre montagnes superposées serait de 18 262 mètres.

493. SOLUTION. L'étendue territoriale de la France est de 522 909 kilomètres carrés.

494. SOLUTION. La France est arrosée par 51 rivières principales.

495. SOLUTION. La Suisse renferme 2 190 260 habitants.

496. SOLUTION. La superficie de ces quatre villes est de 1 100 kilomètres carrés.

497. SOLUTION. La population de ces six villes réunies est de 797 884 habitants.

498. SOLUTION. Il est né en 1844, à Paris, 16 305 garçons, 15 651 filles. Il y a eu en tout 31 956 naissances.

499. SOLUTION. En 1844, il y a eu à Paris 13 575 décès d'hommes, 13 765 de femmes. En tout 27 340 décès.

500. SOLUTION. Il fut dans ces quatre départements de 22 985 habitants, et de 172 162 dans toute la France.

501. SOLUTION. Il possédait 248 écoles communales.

502. Solution. Il y avait alors dans le *Jura* 190 écoles communales.

503. Solution. Le département du Doubs comptait alors 166 écoles communales.

504. Solution. Le nombre de ces écoles était alors de 2 102.

505. Solution. Les enfants qui recevaient alors l'instruction dans ces écoles étaient au nombre de 178 529.

506. Solution. Il y avait alors dans les écoles de l'Institut 169 451.

507. Solution. Cette académie comptait en tout 604 écoles communales.

508. Solution. Cette consommation a été de 1 140 799 hectolitres.

509. Solution. On a consommé dans Paris 699 696 têtes de bétail.

510. Solution. Le produit de ces consommations s'est élevé à 36 181 252 fr.

511. Solution. Il y a de *Paris* à *Tonnerre* 198^{KM},5 ; de Paris à *Joigny* 147^{KM},5 ; de Paris à *Sens* 114^{KM},5 ; de Paris à *Montereau* 79^{KM} ; de Paris à *Fontainebleau* 59^{KM} ; de Tonnerre à Sens 84^{KM} ; de Tonnerre à Montereau 119^{KM},5 ; de Tonnerre à Fontainebleau 134^{KM},5 ; enfin, de Tonnerre à Melun 154^{KM},5.

512. Solution. Il y a de *Paris* à *Boulogne* 277^{KM} ; de Paris à *Montreuil-Verton* il y en a 233 ; de Paris à *Abbeville* 193 ; de Boulogne à Abbeville il y a 84^{KM} ; de Boulogne à Amiens il y en a 129.

513. Solution. Ces machines sont au nombre de 5 412 ; elles représentent une force de 81 609 $+ \frac{1}{2}$ chevaux de vapeur ou de 244 827 chevaux de trait.

514. Solution. *Henri IV* comptait en troupes régulières 2 637 cavaliers et 4 106 fantassins. En tout 6 743 hommes.

Astronomie.

515. Solution. Il y a en tout 103 constellations.

516. Solution. Le diamètre du globe pris sous l'*équateur* est de 12 754 497 mètres.

517. Solution. La distance d'*Uranus* au *Soleil* est de 2 930136 511 kilomètres.

518. Solution. Le degré de latitude du *pôle* a une longueur de 111 612.

519. Solution. L'année commune est composée de 365 jours.

520. Solution. La 2e éclipse totale de soleil aura lieu en 1850, la 3e en 1871, enfin la dernière en 1900. Il y aura 40 ans de distance entre la première et la dernière.

SOUSTRACTION.

VI. Exercices

SUR LA SOUSTRACTION DES NOMBRES ENTIERS ET DÉCIMAUX.

521. RÉPONSE. Cette différence est 13 212.

522. RÉPONSE. Cette différence est 1 716.

523. RÉPONSE. L'excès du premier de ces nombres sur le second est 5 736.

524. RÉPONSE. Cette différence est 256 377.

525. RÉPONSE. Cette différence est 15 675.

526. RÉPONSE. Les résultats obtenus sont : 137136, 21 853, 377 000.

527. RÉPONSE. Le nombre 27,541 exprime cette différence.

528. RÉPONSE. On a pour résultat 4,4 708.

529. RÉPONSE. On a pour différence 3,53 768.

530. RÉPONSE. Le résultat est 274,756 692.

531. RÉPONSE. L'excès des naissances des garçons sur celles des filles a été de 654.

532. RÉPONSE. L'excès du nombre des naissances sur celui des décès a été de 4 596.

533. RÉPONSE. La différence demandée est de 4 mètres.

534. RÉPONSE. Cette différence est de 43 mètres.

535. RÉPONSE. La différence entre les hauteurs de ces deux établissements est de 446 mètres.

536. RÉPONSE. La différence entre ces hauteurs est de 29 mètres.

537. RÉPONSE. L'excès de l'élévation de *Briançon* sur *Pontarlier* est de 478 mètres.

538. RÉPONSE. La différence entre ces deux hauteurs est de 1 100 mètres.

539. RÉPONSE. Cette différence est de 8 921 354 habitants.

540. RÉPONSE. Cette différence est de 237 365 habitants.

541. RÉPONSE. La population du premier de ces deux États surpasse celle du second de 5 222 615 habitants.

542. RÉPONSE. L'excès cherché est de 44 763 kilomètres carrés.

543. RÉPONSE. Cette différence est de 378 kilomètres carrés.

544. RÉPONSE. Cette différence est de 32 504 012 kilomètres carrés.

545. RÉPONSE. Elle est de 399 564 901 habitants.

546. RÉPONSE. Cette différence est de 10 722 045 kilomètres carrés.

547. RÉPONSE. Elle est de 22 035 585 habitants.

548. RÉPONSE. Cet excès est 7^{l} 52^{cl}.

549. RÉPONSE. Cette différence est de 557^{g} 693^{mg}.

550. RÉPONSE. Cet excès est de 4 263 950 fr. 30 c.

551. RÉPONSE. Elle est de 25 294 386 fr. 70 c.

552. RÉPONSE. Cet excès est de 30 482 800 fr.

553. RÉPONSE. Cet excès est de 4 473 364.

554. RÉPONSE. Cet excès a été de 1 510 041 fr. 50 c.

555. RÉPONSE. Il est de 42 680 000 fr.

556. RÉPONSE. Cette différence est de 23 863 861 lieues carrées.

557. RÉPONSE. Cet excès est de 256 jours.

III. PROBLÈMES

SUR LA SOUSTRACTION DES NOMBRES ENTIERS ET DÉCIMAUX.

558. Il existe entre la longueur du canal du Languedoc, qui réunit la Méditerranée à la Garonne, après un parcours de 227 547 mètres, et celle du canal du Centre, qui joint la Saône à la Loire, un excès de 110 735 mètres; quelle est la longueur du parcours du canal du Centre?

Solution. La longueur du canal du Centre étant moindre que celle du canal du Languedoc, et la différence entre ces deux longueurs étant exprimée par le nombre 110 735, on est conduit à soustraire ce nombre de 227 547, qui indique la longueur du canal du Languedoc.

Le résultat que l'on obtient, 116 812 mètres, indique la longueur du parcours du canal du Centre.

559. Un architecte présente un mémoire qui s'élève à la somme de 30 504 fr. et sur lequel il a déjà reçu 24 741 fr.; combien a-t-il encore à recevoir?

Solution. Le montant du mémoire doit évidemment être égal au total des à-compte reçus et de la somme à recevoir; cette dernière sera donc exprimée par la différence entre les nombres 30 504 et 24 741.

Le résultat obtenu, 5 763 fr., exprime la somme à recevoir encore.

560. Le point le plus élevé du monde, au-dessus du niveau de la mer, est le *Tcha-Moulari* dans les *monts Hymalaya* (Asie), qui s'élève à 8 673 mètres; l'excès de l'élévation de ce point sur celle du sommet du *Mont-Blanc*, le plus élevé de la chaîne des *Alpes*, est de 3 863 mètres; quelle est la hauteur du sommet du Mont-Blanc?

Solution. Si on retranche de l'élévation du Tcha-Moulari au-dessus du niveau de la mer l'excès de l'élévation de cette montagne sur celle du Mont-Blanc, le résultat représentera évidemment la hauteur de ce dernier.

Le résultat 4 810 exprime en mètres la hauteur du Mont-Blanc.

561. *Louis XV*, roi de France, naquit en 1710, monta sur le trône en 1715 et mourut en 1774; dire à quel âge il monta sur le trône, combien de temps il régna et à quel âge il mourut.

SOLUTION. La différence entre 1710 et 1715 indiquera l'âge de ce prince lorsqu'il arriva au trône; la différence entre 1715 et 1774 fera connaître le nombre des années de son règne, enfin l'excès de 1774 sur 1710 donnera l'âge auquel il mourut.

Louis XV monta sur le trône à l'âge de 5 ans, régna 59 ans et mourut à l'âge de 64 ans.

562. La ville de *Carthage*, fondée par *Didon* en 860, fut prise et détruite par les Romains en 146 avant J.-C.; quel temps s'est écoulé entre la fondation et la ruine de Carthage?

SOLUTION. Le temps écoulé entre la fondation et la ruine de Carthage sera évidemment représenté par la différence entre les nombres 860 et 146.

La ville de Carthage fut donc détruite dans la 714e année après sa fondation.

Problèmes usuels. — Système métrique.

563. SOLUTION. Le nombre cherché est 478.

564. SOLUTION. Le second a 48 ans.

565. SOLUTION. Le fils aura alors 42 ans.

566. SOLUTION. La différence est 27 ans. Le père est né en 1816, le fils en 1843.

567. SOLUTION. Cet homme serait né en 1768.

568. SOLUTION. La mère a 49 ans, le frère en a 30, et la sœur 18.

569. SOLUTION. Il en reste 235 litres.

570. SOLUTION. Son traitement fixe est de 375 fr.

571. SOLUTION. Son traitement éventuel s'élève à 967 fr.

572. Solution. Il y en a 157.

573. Solution. Il y reste 257 fr.

574. Solution. Il lui en reste 552.

575. Solution. Il doit remporter 43 têtes de salade et 27 bottes de radis.

576. Solution. Il avait payé son achat 4 905 fr.

577. Solution. Son bénéfice s'élève à 1 445 fr.

578. Solution. Il a revendu son achat pour 23 103 fr.

579. Solution. Il lui reste à copier 863 vers.

580. Solution. Il lui reste 1 fr. 05 c.

581. Solution. Sa largeur est de $25^{M}\ 57^{cm}$.

582. Solution. La contenance du deuxième tonneau est de 249 litres.

583. Solution. L'entrepreneur doit toucher 10 883 fr.

584. Solution. Cet ouvrier recevra encore 330 fr.

585. Solution. Ce bouchon pèse $40^{G}\ 088^{mg}$.

586. Solution. Le poids de cette eau est de $222^{G}\ 38^{cg}$.

587. Solution. Le poids de l'eau contenue dans ce vase est de $244^{G}\ 90^{cg}$; celui du bouchon est de $81^{G}\ 08^{cg}$.

588. Solution. Le poids de l'argent fin est de $3\,093^{G}\ 6\,555$.

589. Solution. Cette propriété a été vendue 25 835 fr.

590. Solution. La hauteur du second peuplier est de $48^{M}\ 358^{mm}$.

591. Solution. Cette vigne a fourni 24 760 litres.

592. Solution. Ils lui revenaient à 187 fr. 70 c.

593. Solution. Ce fermier redoit 1 865 fr.

594. Solution. Il reste sous les armes 16 715 hommes.

595. Solution. On redoit encore 39 253 fr.

596. SOLUTION. On a réalisé un bénéfice de 22 207 fr.

597. SOLUTION. Il a en caisse une somme de 2 283 fr.

598. SOLUTION. Ce fermier a gagné 95 fr.

599. SOLUTION. Il doit recevoir encore 85 fr. 50 c.

600. SOLUTION. Il reste à cette ménagère 52 fr. 15 c.

601. SOLUTION. Il reste dû sur ce mémoire 732 fr. 40 c.

602. SOLUTION. Il restait dû après le premier à-compte 510 fr. 60 c.; après le deuxième on doit encore 250 fr. 85 c.

603. SOLUTION. Ce bassin contient alors 2 907 litres d'eau.

604. SOLUTION. Le propriétaire devra recevoir 18 933 fr.

605. SOLUTION. Le mémoire réduit s'élève à 382 fr. 45 c.

606. SOLUTION. Les objets avaient été payés 1 464 fr.

607. SOLUTION. Il en reste pour 61 311 fr.

608. SOLUTION. Le poids de ce corps est de 942^{G} 75^{dg}.

609. SOLUTION. Ce vase contient 0^{L} 785^{ml}.

610. SOLUTION. Il lui manque 727 mètres.

611. SOLUTION. Il n'en avait livré que 411_{g} 3^{dg}.

612. SOLUTION. Ce banquier devra tirer de sa caisse 7 102 fr.; il y restera 127 898 fr.

613. SOLUTION. On en a conservé 13 703.

614. SOLUTION. Il lui manque 446^{KG} 625^{G}.

615. SOLUTION. Je dois encore à mon tailleur 173 fr., à mon cordonnier 35 fr., à ma pension 90 fr., et à ma blanchisseuse 15 fr.

616. SOLUTION. Ce convoi, après la première station, contenait 761 voyageurs; il en contenait après la deuxième 712; après la troisième 545; enfin, après la quatrième, il en restait 440.

617. SOLUTION. Les recettes de 1845 se sont élevées à 272 820 000 fr.

618. SOLUTION. L'augmentation des dépenses pour 1847 s'est élevée à 704 308 000 fr.

619. SOLUTION. La monnaie d'argent en Angleterre est de 200 000 000 de fr.

620. SOLUTION. Il lui reste 4 450 litres. Il a dû débourser 1 862 fr.

621. SOLUTION. Ce mémoire, après le premier rabais, se trouvait réduit à 1 065 fr. 30 c.; après le deuxième il ne s'élevait plus qu'à 976 fr. 30 c. Enfin, il reste dû 510 fr. 75 c.

622. SOLUTION. Il lui reste après sa première dépense 3 fr. 30 c.; après la deuxième 2 fr. 95 c.; après la troisième 1 fr. 80 c.; enfin, après la quatrième, 1 fr. 15 c.

623. SOLUTION. Il a touché 80 104 fr. 55 c.

624. SOLUTION. Il reste à poser 41 carreaux de la 1re grandeur, 177 de la 2e, 188 de la 3e.

625. SOLUTION. Ce convoi avait en partant de la première station 1 758 voyageurs; en quittant la deuxième il en avait encore 1 731; enfin, en partant de la troisième, il lui en restait 1 558.

626. SOLUTION. Le troisième reçoit 34 400 fr.

627. SOLUTION. Il lui reste 7 110 peupliers; 4 605 acacias; 705 marronniers; 875 mûriers et 805 arbres verts.

Histoire. — Chronologie.

628. SOLUTION. La mort du premier homme date de l'an 4029 avant J.-C.

629. SOLUTION. Les Hébreux entrèrent dans la terre promise en 1605 avant J.-C.

630. Solution. L'établissement de la royauté chez les Hébreux date de l'an 1080 avant J.-C.

631. Solution. *Samson* accepta la judicature à l'âge de 19 ans; il mourut à l'âge de 49 ans; ce fut en 1112 avant J.-C. que l'arche tomba au pouvoir des Philistins.

632. Solution. Le gouvernement des *rois* fut renversé en 606 avant J.-C.

633. Solution. La *captivité de Babylone* eut une durée de 70 ans.

634. Solution. La *Judée* fut conquise par *Alexandre* en 332 avant J.-C.

635. Solution. *Athènes* fut prise par *Lysandre* dans la 1239e année de sa fondation, et délivrée du joug des *trente tyrans* en 400 avant J.-C.

636. Solution. *Thèbes* fut détruite par *Alexandre* en 335 avant J.-C.

637. Solution. La bataille de *Marathon* fut livrée en 490 avant J.-C.

638. Solution. La prise de *Rome* par les Gaulois date de l'an 365 de sa fondation.

639. Solution. La ville de *Ninive* a existé pendant 2 055 ans.

640. Solution. La ville de *Babylone* fut conquise par *Cyrus* en 538.

641. Solution. La guerre entre les Romains et les Samnites dura 61 ans.

642. Solution. La bataille de *Cannes* eut lieu 538 ans après la fondation de Rome.

643. Solution. La *Macédoine* fut réduite en province romaine en 147 avant J.-C.

644. Solution. Cet interrègne dura 114 ans.

645. Solution. *Jeanne d'Arc* mourut à l'âge de 19 ans.

646. Solution. *Charles VIII* mourut à l'âge de

25 ans; l'Amérique fut découverte en 1490; la route des Indes, par le cap de Bonne-Espérance, le fut en 1495; il s'écoula 5 années entre ces deux découvertes.

647. Solution. La ville de *Calais* resta 212 ans au pouvoir des Anglais.

648. Solution. Il s'est écoulé 19 années entre ces deux batailles.

649. Solution. Le massacre des *Vêpres siciliennes* date de 1282.

650. Solution. *Clovis* monta sur le trône en 481; il était né en 465.

651. Solution. *Newton* mourut à l'âge de 85 ans.

652. Solution. Le cardinal *de Richelieu* fut ministre pendant 18 ans.

653. Solution. *Louis XIV* monta sur le trône à 5 ans, en 1643; il mourut à l'âge de 77 ans.

654. Solution. *Parmentier* mourut à l'âge de 76 ans.

655. Solution. Le commencement de l'histoire du *moyen âge* date de l'année 395.

Géographie. — Statistique.

656. Solution. De 817 465 habitants.

657. Solution. Cette distance est de 136 kilomètres.

658. Solution. Cette élévation est de 63 mètres.

659. Solution. La hauteur du *Ballon* est de 1 432 mètres.

660. Solution. Elle est de 241 kilomètres.

661. Solution. Les sectateurs de la religion catholique en Europe sont au nombre de 220 469 277.

662. Solution. Cette superficie est de 1 122 452 kilomètres carrés.

663. Solution. Cette population est de 60 558 428 habitants.

664. Solution. Elle est de 45 493 992 habitants.

665. Solution. Elle est de 1 290 247 kilomètres carrés.

666. Solution. Ce revenu s'élève à 45 223 000 fr.

667. Solution. La superficie territoriale de l'*Espagne* est de 464 086 kilomètres carrés; celle du royaume des *Deux-Siciles* est de 109 507 kilomètres carrés.

668. Solution. Les *États de l'Église* comptent 2 850 000 habitants. La *Toscane* en renferme 1 531 740.

669. Solution. La population de *Lyon*, en 1855, était de 177 190 habitants.

670. Solution. Le département de l'*Ardèche* contient 379 614 habitants. Celui de l'Ain en compte 367 362.

671. Solution. Le département de la *Haute-Saône* compte 347 469 habitants; celui du *Doubs* en renferme 296 789.

672. Solution. Le département de la *Corse* renferme 236 251 habitants; celui des *Basses-Alpes* en a 152 070; celui des *Hautes-Alpes* en compte 132 038.

673. Solution. Cet excédant était de 382 684 habitants.

674. Solution. La population du 1er arrondissement est de 85 374 habitants, celle du 3e de 58 476.

675. Solution. Le nombre des garçons surpasse celui des filles de 2 749.

676. Solution. Elle s'est augmentée de 1 170 308 habitants.

677. Solution. On a consommé dans Paris 72 187 veaux.

678. Solution. Cette nouvelle contribution pour la ville de Paris s'élève à 35 900 fr. 80 c.

Astronomie. — Physique.

679. Solution. La distance moyenne de *Junon* au *soleil* est de 391 082 050 kilomètres.

680. Solution. La distance de *Vénus* au *soleil* est de 110 488 943 kilomètres; *Mercure* en est distant de 59 128 779 kilomètres.

681. Solution. La distance de *Jupiter* au *soleil* est de 794 732 653 kilomètres. *Pallas* est éloignée de cet astre de 723 700 632 kilomètres.

682. Solution. La distance d'*Uranus* au *soleil* est de 2 930 137 511 kilomètres.

683. Solution. La surperficie du *globe terrestre* est de 26 000 000 de lieues carrées, celle de la *terre* est de 2 136 139 lieues carrées.

684. Solution. Cette différence est de 31 499^{MM} 660^{M}.

685. Solution. Il y a entre les vitesses de la lumière et du boulet de canon une différence de 31 499^{MM} 6062^{M} 5^{dm}; la vitesse du boulet surpasse celle du son de 3 597^{M} 5^{dm}

IV. PROBLÈMES

SUR L'ADDITION ET LA SOUSTRACTION.

686. Une dame a acheté divers objets, pour une somme de 3 975 fr. L'une de ses factures s'élève à 1 265 fr., la 2e est de 687 fr., la 3e est de 1 548 fr., quel est le montant de la dernière?

SOLUTION. Le prix de la facture inconnue devrait, s'il était connu et additionné avec ceux des autres factures, exprimer la somme totale de la dépense; on est donc conduit, pour le déterminer, à faire la somme des diverses factures connues, et à la retrancher ensuite de la dépense totale : on aura pour reste un nombre dont l'addition avec les trois premiers donnera pour résultat 3 975, et qui sera évidemment le nombre demandé. Le montant de la quatrième facture est de 475 fr.

687. Un père avait 32 ans de plus que son fils; celui-ci en avait 37 à la mort de son père, qui précéda de 12 ans celle de sa mère; cette dernière mourut à l'âge de 68 ans; combien d'années le père a-t-il vécu? Quelle était la différence de son âge avec celui de sa femme? Quel était l'âge du fils à l'époque de la mort de sa mère? Quelle était la différence de leurs âges?

SOLUTION. Le nombre d'années que le père a vécu sera évidemment déterminé par la somme des nombres 37 et 32, la différence entre les âges du père et de la mère sera exprimée par l'excès du nombre $37+32$ sur le nombre $68-12$, l'âge du fils à la mort de sa mère sera $37+12$. Enfin la différence entre l'âge du fils et celui de la mère sera exprimée par l'excès du nombre 68 sur le nombre $37+12$ ou à l'excès de $68-12$ sur 37.

Le père a donc vécu 69 ans, la différence de son âge à celui de sa femme était de 13 ans, le fils avait 49 ans à la mort de sa mère qui avait 19 ans de plus que lui.

688. On a versé successivement à la caisse d'épargne 475 fr., 280 fr., 670 fr. et 975 fr. On en a retiré successivement 235 fr., 140 fr., 370 fr. et 457 fr.; combien a-t-on déposé à la caisse d'épargne? Combien en a-t-on retiré? Combien y a-t-on laissé?

SOLUTION. La somme versée à la caisse d'épargne sera évidemment représentée par le total de tous les versements successifs; la somme qui en a été retirée sera exprimée par le résultat de l'addition de celles qui l'ont été successivement; enfin, la différence entre les résultats de ces deux additions répondra à la troisième partie de la question.

On a donc versé à la caisse d'épargne 2 400 fr., on en a retiré 1 202, on y a laissé 1 198 fr.

689. *Charles VII*, né en 1403, monta sur le trône à l'âge de 19 ans, reçut *Jeanne d'Arc* à *Chinon* 7 ans après, et se laissa mourir de faim en 1461, dans la crainte d'être empoisonné par *Louis XI*, son fils et son successeur; à quelle époque Charles VII monta-t-il sur le trône? A quelle époque reçut-il Jeanne d'Arc à Chinon? Combien d'années occupa-t-il le trône? Quel âge avait-il lorsqu'il mourut?

SOLUTION. L'addition du nombre 19 à 1 403 donnera l'époque de l'avénement de Charles VII au trône; en ajoutant 7 au résultat on aura l'époque de l'arrivée de Jeanne d'Arc à Chinon; la durée du règne de Charles VII sera exprimée par la différence entre l'année de son avénement au trône et celle de sa mort, 1461; enfin, on connaîtra l'âge auquel il mourut, soit en ajoutant au nombre 19 le nombre représentant la durée de son règne, soit en soustrayant le nombre indiquant l'époque de sa naissance du nombre exprimant celle de sa mort.

Charles VII monta sur le trône en 1422, Jeanne d'Arc arriva à Chinon en 1429. Le roi mourut dans la 39e année de son règne, à l'âge de 58 ans.

Problèmes usuels. — Système métrique.

690. SOLUTION. Ces enfants, avant de jouer, avaient 110 billes; ils en ont perdu 47.

691. SOLUTION. La deuxième personne a 27 ans, la troisième en a 39, la quatrième en a 61.

692. SOLUTION. Elle possédait 31 fr. 40 c., et a dépensé 18 fr. 55 c.

693. SOLUTION. Ce prix d'estimation s'élève à 3 970 fr.

694. SOLUTION. Il a dépensé 1 390 fr. 40 c. et a économisé 409 fr. 60 c.

695. SOLUTION. Le prix d'estimation de ce meuble est de 1 340, la diminution proposée est de 355 fr.

696. SOLUTION. Cet épicier avait 1 687 kilog. de café. Il lui en reste de la première espèce 166 kilog., de la deuxième 169 kilog., et de la troisième 387 kilog. Il en a vendu en tout 965 kilog.

697. SOLUTION. On perdrait sur l'estimation des deux premiers lots 1 515 fr., sur celle du troisième 6 992 fr., et enfin sur le tout 8 507 fr.

698. SOLUTION. Le père est âgé de 39 ans, le fils de 14; ce dernier aura 21 ans quand sa mère aura l'âge actuel du père ou 39 ans.

699. SOLUTION. Ce joueur possédait en entrant au jeu 385 fr. Il avait perdu d'abord 90 fr.; son gain s'est élevé définitivement à 253 fr.

700. SOLUTION. Il y avait en tout 1 296 oranges, 935 citrons; l'excès des oranges sur les citrons était de 361.

701. SOLUTION. Elle a dépensé 68 fr. 40; il lui reste 6 fr. 60 c.

702. SOLUTION. Il avait 2 197 pieds d'arbres; il en a vendu 929. Il lui reste encore 318 poiriers, 389 pommiers, 177 abricotiers et 384 pêchers; en tout 1 268 arbres.

703. SOLUTION. Il restait en tout dans cette plantation 13 526 pieds d'arbres. On en avait perdu 5 182, dont 800 ormes, 2 178 chênes, 573 noisetiers, 379 sauvageons et 1 252 peupliers.

704. SOLUTION. Il lui reviendra 2 994 fr. 50 c.

705. Solution. La somme offerte est 5 033 fr.

706. Solution. Il a reçu 1 038 fr., il lui reste à recevoir 540 fr.

707. Solution. Ce mémoire s'élevait à 1 606 fr. 75 c. ; après la réduction, il restait dû 141 fr. 47 c.

708. Solution. Le poids de ce corps est de $757^{g}\ 445^{mg}$.

709. Solution. Cette famille a gagné en tout une somme de 2 142 fr. 40 c., sur laquelle elle a économisé 264 fr. 05 c.

710. Solution. Il reste dans les mains des soldats 28 525 cartouches.

711. Solution. Le corps d'armée est réduit à 48 705 hommes.

712. Solution. Il lui reste en caisse 44 162 fr. 50 c.

713. Solution. On emploie dans cette manufacture 42 enfants ; on conserve en morte saison 17 enfants, 83 femmes et 117 hommes ; en tout 217 ouvriers.

714. Solution. On a réalisé un bénéfice de 862 fr.

715. Solution. Cette facture s'élève à 1 650 fr. ; on redoit encore 1 275 fr.

716. Solution. Cette jeune fille a dépensé 476 fr. 90 c. Il lui reste 23 fr. 10 c.

717. Solution. Il reste à livrer 45 fûts; on doit payer encore 1 245 fr.

718. Solution. Il doit verser 1 440 fr.

719. Solution. Il devait 8 500 fr.

720. Solution. La valeur des bâtiments est de 85 345 fr.

721. Solution. Ses honoraires sont de 956 fr. 90 c.

722. Solution. Il reste à ce fermier 323 hectolitres de blé, 406 hectolitres d'avoine, 367 hectolitres de seigle ; il avait récolté en tout 4 028 hectolitres de grains ; il en a vendu 2 932 hectolitres.

723. Solution. Ce brocanteur a gagné, sur le 1er achat, 61 fr. 80 c. ; sur le 2e, 65 fr. 85 c. ; il a vendu le 3e pour 639 fr. Il a acheté pour 1 688 fr. 55 c. Il a vendu pour 1 730 fr. 20 c. ; son bénéfice a été de 41 fr. 65 c.

724. Solution. Ce fabricant devait livrer 6 308 mètres. On en a reçu 5 023 seulement.

725. Solution. Il reste dans le parc 27 445 boulets de 24, 44 325 boulets de 12, et 74 113 boulets de 8. Il y en a en tout 200 000; on en a enlevé 54 117.

726. Solution. On a déposé 270 voyageurs, on en a repris 176; enfin, il en reste 1 161 à l'arrivée.

727. Solution. Il lui manque 70 kilog. 45 décag.

728. Solution. Elle comptait à la fin de l'année 452 élèves.

729. Solution. La troisième a produit 200 fr. 85 c.

730. Solution. Cet ouvrier paye 281 fr. dans Paris, dans une cité ouvrière il économisera 131 fr.

731. Solution. Il y a eu dans la première armée 12 192 hommes hors de combat ; dans la deuxième, il y en a eu 11 402 ; les différences entre les tués, les blessés et les prisonniers sont respectivement : 926 ; 849 et 985.

732. Solution. Le *choléra* a fait à Paris, en 1849, 1 225 victimes de plus qu'en 1832.

733. Solution. Les recettes du chemin de fer du Nord s'élevaient, au 30 septembre 1846, pour l'année, à 13 822 939 fr. 81 c., du 25 au 30 septembre, l'excès du produit des voyageurs sur celui des marchandises a été de 13 157 fr. 80 c.

734. Solution. Le chemin de fer du Nord a en exploitation 170 kilomètres de plus en 1849 qu'en 1848. Il a transporté dans le même temps 7878 voyageurs de plus en 1849 qu'en 1848 ; la différence entre les recettes, provenant des voyageurs, du 25 au 30 septembre, est en excès, pour 1849, de 40 558 fr. 69 c.

735. SOLUTION. Les différences des recettes entre ces deux lignes, pendant huit mois, ont été, en excédant, pour Saint-Germain, en 1849, de 491 833 fr. 06 c., et, en 1848, 429 705 fr. 83 c. Les recettes de 1849 surpassèrent celles de 1848, pour Versailles, de 367 398 fr. 22 c., et pour Saint-Germain, de 429 525 fr. 45 c.

Histoire. — Chronologie.

736. SOLUTION. *Abraham* naquit en 2 366 ; sa vocation date de 2 296 ; il avait 100 ans à la naissance d'*Isaac*, qui avait 25 ans à l'époque du *sacrifice*.

737. SOLUTION. *Moïse* était né en 1 685 avant J.-C.; il avait 40 ans lors de la sortie d'Égypte.

738. SOLUTION. *Saül* était né en 1 102 avant J.-C.; il fut sacré par *Samuel*, à l'âge de 22 ans ; il régna 40 ans.

739. SOLUTION. *Salomon* monta sur le trône en 1001 avant J.-C. La construction du temple remonte à l'an 998, et sa dédicace à l'an 991 avant J.-C. Salomon régna 39 ans, et en vécut 55.

740. SOLUTION. La Judée fut soumise au roi de Syrie pendant 5 années ; *Ptolémée Soter* s'en empara en 320 ; et Alexandre en avait fait la conquête en 332 avant J.-C.

741. SOLUTION. Les guerres entre Mithridate et les Romains commencèrent en 85 et en 74 avant J.-C. Mithridate était monté sur le trône en 122 ; son règne dura 57 ans.

742. SOLUTION. La Grèce fut réduite en province romaine en 146. Les traités d'*Antalcidas* et de *Cimon* datent : le premier de 389, le deuxième de 449.

743. SOLUTION. La guerre contre les Samnites commença en 343, dura 62 ans. Les Tarquins furent chassés de Rome en 498, 217 ans avant la soumission des Samnites.

744. SOLUTION. Entre le commencement de la première guerre punique et la conquête définitive de la Gaule, par *César*, il s'écoula 213 ans; ce dernier événement survint 311 ans après la 2e invasion des Gaulois en Italie, qui eut lieu en 362 avant J.-C.

745. SOLUTION. Jules César fut assassiné en 44; il avait été nommé dictateur en 47; il mourut 15 ans après son entrée dans la Gaule.

746. SOLUTION. *Marius* fut nommé consul pour la première fois en 108; sa rivalité avec Sylla date de l'an 106 avant J.-C. *Sylla* mourut en 77.

747. SOLUTION. *Séleucus* prit le titre de roi de Syrie en 302 : *Antiochus* mourut en 186, et la Syrie fut réduite en province romaine en 64.

748. SOLUTION. *Auguste* régna 43 ans; *Tibère* régna 22 ans; il avait été adopté en l'an 6.

749. SOLUTION. *Caligula* mourut en 41. *Néron* régna 14 ans; la première persécution date de l'an 64.

750. SOLUTION. *Saint Pierre* transporta le saint siége à Rome, en 42, 24 ans avant son martyre. Le temple et la ville de Jérusalem furent détruits en 70.

751. SOLUTION. L'histoire ancienne s'arrête en 395; celle du moyen âge en 1453; l'histoire moderne comprend 336 ans.

752. SOLUTION. *Clément V* fut élu pape en 1305; il transporta le saint siége à Avignon en 1309; cette ville resta la résidence des papes pendant 67 ans (1).

(1) Dans l'énoncé, *au lieu de* en quelle année le saint siége fut-il transporté à Rome, *lisez :* en quelle année le saint siége fut-il transporté à Avignon.

753. Solution. La deuxième persécution commença en 81 ; entre celle-ci et la dernière, il s'écoula 203 ans ; *Constantin* fut nommé empereur en 306.

754. Solution. *Constantin* vint à l'empire en 306. Entre son avènement et le partage de l'empire, il s'est écoulé 89 ans ; *Théodose* fut associé par *Gratien* en 379, et lui succéda en 391.

755. Solution. *Mahomet* se retira à la Mecque en 622, 10 années avant sa mort. Il vécut 63 ans.

756. Solution. Entre la prise de Constantinople par les Croisés et sa fondation, il s'écoula 878 ans. Cette ville fut prise par *Mahomet II*, en 1453.

757. Solution. L'ordre des *Templiers* dura 194 ans, celui des *Chevaliers teutoniques* fut fondé en 1190. Entre la création des deux premiers ordres, il s'est écoulé 19 années.

758. Solution. Les Normands s'emparèrent de Rouen 11 ans après leur première invasion en France ; ils vinrent assiéger Paris en 896.

759. Solution. *Philippe Ier* naquit en 1053, et mourut en 1108 ; il était monté sur le trône à l'âge de 7 ans.

760. Solution. *Philippe-Auguste* monta sur le trône à l'âge de 12 ans, et en régna 43 ; il était né en 1165. L'Université de Paris fut fondée en 1200.

761. Solution. *Philippe IV* monta sur le trône en 1285, régna 29 ans, et mourut à l'âge de 46 ans.

762. Solution. La première guerre entre *François Ier* et *Charles-Quint* dura 4 ans ; la paix de Cambrai fut conclue en 1529, la trêve de Nice en 1542. Ces divers événements embrassèrent un espace de 22 années.

763. Solution. *Charles IX* régna 14 ans. *Henri III* mourut en 1589 ; le 1er monta sur le trône à l'âge de 10 ans, le 2e y arriva en 1574.

764. SOLUTION. L'ordre des *Jésuites* fut fondé en 1534, il fut rétabli en France en 1814.

765. SOLUTION. *Marie Stuart* vint en France en 1559 et mourut à l'âge de 44 ans, 25 ans après avoir quitté la France. *Élisabeth* d'Angleterre mourut en 1602.

766. SOLUTION. Louis XIV fonda en 1670 l'hôtel des Invalides, qui existe depuis 186 ans.

767. SOLUTION. La première république française fut proclamée en 1792. Entre la restauration et la révolution de Juillet, il s'est écoulé 16 ans; entre cette dernière et celle de Février 1848, il s'écoula 18 ans; enfin, il y eut 56 ans d'intervalle entre les proclamations des deux républiques.

Géographie. — Statistique.

768. SOLUTION. Cette population est de 64 066 habitants.

769. SOLUTION. L'étendue territoriale du grand duché de *Toscane* est de 21 628 kilomètres carrés.

770. SOLUTION. La population de la *Confédération* serait alors de 14 911 230 habitants.

771. SOLUTION. La population de *Londres* est de 1 870 727 habitants.

772. SOLUTION. La population de l'Angleterre *proprement dite* est de 16 041 796 habitants.

773. SOLUTION. Cette population est de 214 388 habitants.

774. SOLUTION. Cette population s'élève à 28 702 595 habitants.

775. SOLUTION. Les recettes de la douane se sont élevées dans les 9 premiers mois de 1847 à 99 847 299 fr. dans ceux de 1848 à 61 826 100 fr.; dans ceux de 1849 à 95 152 863 fr.; la différence entre la recette de 1847 et 1848 était de 38 021 199 fr.; entre celle de 1847 et de

1849 cette différence a été de 4 694 436 fr.; enfin, celle entre les années 1848 et 1849 a été de 33 326 763 fr.

776. Solution. L'*Asie* a une superficie de 42 178 260 kilomètres carrés.

777. Solution. La population de l'*Asie* est de 651 764 170 habitants.

778. Solution. Le revenu estimatif de l'*Empire britannique* s'élève à 1 356 050 000 fr.

779. Solution. Ce revenu est de 1 514 162 000 fr.

780. Solution. On a importé en France, dans les 9 premiers mois de 1849, 15 312 398 quintaux de ces matières; ce chiffre surpasse de 2 947 621 celui obtenu dans la même période de 1848.

MULTIPLICATION.

VII. Exercices

SUR LA MULTIPLICATION DES NOMBRES ENTIERS ET DES NOMBRES DÉCIMAUX.

Nombres entiers.

781. RÉPONSE. Les produits obtenus sont : 1 548 et 1 725.

782. RÉPONSE. 478 × 38 = 18 164 ; 543 × 42 = 22 806.

783. RÉPONSE. 5 793 × 59 = 341 787.

784. RÉPONSE. 3 578 935 × 82 = 293 472 670.

785. RÉPONSE. 37 384 × 3 578 = 205 319 952.

786. RÉPONSE. 679 435 × 3 426 = 2 327 744 310.

787. RÉPONSE. 357 400 × 459 = 164 046 600.

788. RÉPONSE. Le produit est 2 509 036 380 000.

789. RÉPONSE. On a pour produit 1 712 531 115 000.

790. RÉPONSE. On a pour produit 3 806 806 894 520.

791. RÉP. 73 594 000 × 3 542 = 260 669 948 000 et 367 854 × 35 600 = 13 095 602 400.

792. RÉPONSE. Le produit est 1 255 506 716.

793. RÉPONSE. On a pour produit 10 506 990 480.

794. RÉPONSE. On a pour produit 1 729 611 776.

795. RÉPONSE. Le produit est 2 373 095 718.

796. RÉPONSE. Ces produits sont respectivement 611 657 046 et 29 711 982 435.

797. RÉPONSE. Ces carrés respectifs sont 1 369 et 11 025.

798. RÉPONSE. $(3\,507)^2 = 12\,299\,049$; $(67\,843)^2 = 4\,602\,672\,649$.

799. RÉPONSE. Les produits sont 12 299 070 042 009 et 321 489 000 000.

800. RÉPONSE. $7 \times 9 \times 42 = 2\,646$. $38 \times 75 \times 134 = 381\,900$.

801. RÉPONSE. $345 \times 709 \times 953 = 233\,108\,565$; et $684 \times 1\,205 \times 3\,450 = 2\,843\,559\,000$.

802. RÉPONSE. On obtient 580 219 884 695 026 et 83 527 744 195 500.

803. RÉPONSE. On obtient 5 148 208 697 940 et 36 049 483 354 500.

804. RÉPONSE. On a pour résultats 1.8.27.64.125. 216.343.512.729.

805. RÉPONSE. On a pour résultats 175 616. 421 875 et 40 001 688.

806. RÉP. On a pour résultats 953 060 219 005 752 et 6 306 350 766 574 407.

807. RÉPONSE. On a pour résultat 1. 16. 81. 256. 625. 1 296. 2 401. 4 097 et 6 561.

808. RÉPONSE. On obtient 1 500 625 ; 5 764 801 ; 10 556 001 et 17 748 900 625.

809. RÉPONSE. On obtient 511 643 408 855 296 et 358 719 963 529 216.

810. RÉPONSE. On obtient 147 008 443 ; 12 380 607 et 52 521 875.

811. RÉP. On a pour résultat 5 798 839 393 557.

812. RÉPONSE. La 12e puissance de 2 est 4 096.

813. RÉPONSE. *Charles-Quint* fut nommé empereur d'Allemagne en 1519.

814. RÉPONSE. *Alexandre* Ier fut appelé au trône de Russie en 1701.

Nombres décimaux.

815. RÉPONSE. Le produit cherché est 227,31 125.

816. RÉPONSE. On a pour résultat 108,554 448.

817. RÉPONSE. On a pour résultat 14 644,00 824.

818. RÉPONSE. 479,043 × 56,305=26 972,516 115.

819. RÉPONSE. Le produit est 163,15 971.

820. RÉPONSE. On obtient pour produit 1,277 928.

821. RÉPONSE. Le produit est 0,000 019 448.

822. RÉPONSE. On a pour résultat 20 883,4 453.

823. RÉPONSE. On a successivement 1 424 907,66 ; 16 720, 5 999 et 15, 62 256.

824. RÉP. On a successivement 1 653,624 ; 0,0 308 ; 23 424 068,97.

825. RÉPONSE. On obtient 1 314,0 625 ; 18,550 249 ; 43,0 336 624 004 ; et 208 227,9 424.

826. RÉPONSE. On obtient pour résultat 0,127 449.

827. RÉPONSE. On obtient successivement pour résultats 1 274 775 616 ; 3 215 230 209 et 0,25 020 004.

828. RÉPONSE. On a pour résultat 130,323 843.

829. RÉPONSE. On a pour résultat 0,493 100 552.

830. RÉPONSE. Ce cube est 41 789 147, 956 408.

831. RÉPONSE. On a pour résultats 311,1 696. 187,4 161. et 131 336 659 216.

832. RÉP. On obtient pour résultats 0,00 002 401. 0,007 471 182 096.

833. RÉPONSE. On a pour résultats :

1 051 199,89 862 416.

410,427 121 518 001.

14 874 355,118 217 503 361.

834. RÉPONSE. Les résultats obtenus sont :

0,0 000 016 807.

0,010 498 572 832 032.

5 556,6 661 698 801.

835. RÉPONSE. On a $(0,02)^8$=0,0000000000000256.

836. RÉPONSE. Les produits cherchés sont 80 640,08 229 et 6 420,03 648.

837. RÉP. On obtient pour résultat 5,0 268 446.

838. RÉPONSE. On a pour résultats 0,14 751 628 386 et 0,00 000 028 896.

839. RÉPONSE. $(4{,}01)^5 = 1\,036{,}\,8\,641\,602\,001$.

840. R. On a pour résultats 0,000068307283492329 et 0,000 000 001 838 265 625.

841. RÉPONSE. On a pour résultats 0,000 019 683; 0,001 953 125; 0,040 353 607 et 0,148 862 529.

9

V. PROBLÈMES

SUR LA MULTIPLICATION DES NOMBRES ENTIERS ET DÉCIMAUX.

842. Une avenue est bordée de 4 rangées de tilleuls, chaque rangée en contient 75 dans sa longueur; combien y a-t-il de tilleuls en tout?

SOLUTION. Chaque rangée se composant de 75 tilleuls, il est évident que l'avenue contient autant de fois 75 arbres qu'il y a de rangées, ou 75 × 4 tilleuls; il y a donc dans l'avenue 300 tilleuls.

843. Un ouvrage est composé de 15 volumes contenant chacun 27 feuilles d'impression, chaque feuille a 24 pages, chaque page 37 lignes et chaque ligne 46 lettres; combien l'ouvrage renferme-t-il de feuilles, de pages, de lignes, de lettres?

SOLUTION. Chaque volume contenant 27 feuilles, les 15 volumes, ou l'ouvrage entier, en contiendront 27 × 15; chaque feuille renfermant 24 pages, l'ouvrage entier en contiendra 27 × 15 répété 24 fois, ou 27 × 15 × 24; chaque page contenant 37 lignes, l'ouvrage en contiendra 27 × 15 × 24 répété 37 fois, ou 27 × 15 × 24 × 37; enfin, chaque ligne renfermant 46 lettres, l'ouvrage entier en contiendra 27 × 15 × 24 × 37 répété 46 fois, ou 27 × 15 × 24 × 37 × 46. Cet ouvrage contiendra donc 405 feuilles, 10 800 pages, 399 600 lignes et 18 381 600 lettres.

844. On a acheté $345^{KG},85^{DG}$ de café, à raison de 2 fr. 65 c. le kilog.; pour combien d'argent en a-t-on acheté?

SOLUTION. Si 1 kilog. de café coûte 2 fr. 65 c., 345^{KG} 85^{DG} coûteront évidemment 345,85 fois plus ou 2 fr. 65 c. × 345,85. 345^{KG} 85^{DG} de café coûteront donc 899 fr. 21 c.

845. On a acheté 27 pièces de toile contenant chacune 48 mètres, et au prix de 7 fr. 85 c. le mètre; quel est le prix d'une de ces pièces? Combien ont-elles coûté ensemble?

SOLUTION. Un mètre de toile coûtant 7 fr. 85 c., 48 mètres, ou une pièce entière, coûteront 7 fr. 85 c. répété 48 fois, ou 7,85 × 48 : une pièce de toile coûtant 7,85 × 48, 27 pièces pareilles coûteront évidemment 27 fois plus, ou 7,85 × 48 répété 27 fois, ou 7,85 × 48 × 27.

Une pièce de toile coûte donc 376 fr. 80 c.; les 27 pièces ensemble ont coûté 10 173 fr. 60 c.

Problèmes usuels. — Système métrique.

846. SOLUTION. Il y a dans un jour 1440 minutes.

847. SOLUTION. Dans une semaine il y a 168 heures.

848. SOLUTION. On compte dans l'année commune 365 jours.

849. SOLUTION. Il en planterait 43 875 pieds.

850. SOLUTION. Cet enfant a vécu 4 200 heures.

851. SOLUTION. Ce piéton a parcouru 1 680 kilomètres.

852. SOLUTION. Cet individu a vécu 1 020 mois.

853. SOLUTION. Cet ouvrier aura composé 135 pages et gagné 60 fr. 75 c.

854. SOLUTION. Une rame de papier contient 500 feuilles.

855. SOLUTION. Il faudra 53 400 feuilles de papier.

856. SOLUTION. Cette feuille doit être tirée à 12500 exemplaires.

857. SOLUTION. On a acheté pour 6 447 fr. 25 c.

858. SOLUTION. Il pèse 9625^{G} et contient 1925 fr.

859. SOLUTION. Il en a fourni pour 117 fr. 843.

860. SOLUTION. Ce mémoire est de 354 fr. 55 c.

861. SOLUTION. On doit à cet ouvrier 81 fr. 592.

862. SOLUTION. Ce travail a coûté 299 fr. 25 c.

863. SOLUTION. Ce terrain vaut 10 530 francs.

864. SOLUTION. Cette coupe est estimée 341 475 fr.

865. SOLUTION. Cette commune paye 3 123 fr. 75 c.

866. SOLUTION. Il est dû à chaque ouvrier 56 fr. 25 c., à tous ensemble 13 218 fr. 75 c.

867. SOLUTION. Cette pièce de canon a tiré 2430 coups.

868. SOLUTION. Ce convoi parcourra 1 728 kilomètres.

869. SOLUTION. Cette bibliothèque renferme 203 580 volumes distribués dans 1404 cases.

870. SOLUTION. On payera dans les 1res places 37 fr. 80 c., dans les 2es 28 fr. 80 c., dans les 3es 25 fr. 20 c.

871. SOLUTION. Le chauffage coûte 2 876 fr. 75 c.

872. SOLUTION. Ce négociant doit toucher 7372 fr. 95 c.

873. SOLUTION. 2778 hectolitres coûteront 69 450 fr.

874. SOLUTION. Il a payé pour le tout 5 897 fr. 85 c.

875. SOLUTION. On a acheté 5 525 cigares; chaque boîte coûte 31 fr. 25 c.; les 45 boîtes ont coûté 1 406 fr. 25 c.

876. SOLUTION. Ce volume contient 840 pages, 37 800 lignes et 1 965 600 lettres.

877. SOLUTION. Les recettes s'élèvent à 69 825 fr., les dépenses à 49 637 fr. 49 c.

878. SOLUTION. Il doit toucher 18 326 fr. Son bénéfice s'élève à 2 402 fr. 95 c.

879. SOLUTION. Il a payé cette acquisition 2 706 600 fr. et l'a revendue 2 880 100.

880. SOLUTION. Il doit payer 2 fr. 625.

881. SOLUTION. La dépense journalière de cette maison est, en viande de 106 fr. 95 c., en vin de 105 fr. 75 c., et en pain de 45 fr. 21 c.

882. SOLUTION. Cette fabrique produirait 17 184 mètres.

883. SOLUTION. Ils en feraient 176 125 mètres.

884. SOLUTION. On doit payer 9 fr.

885. SOLUTION. Ce voiturier devra payer 684 fr.

886. SOLUTION. Ce voiturier a touché 701 fr. 25 c.;

il aurait reçu d'après son prix 742 fr. 50 c.; on a économisé par la diminution 41 fr. 25 c.

887. SOLUTION. Ce négociant a payé 5 357 fr. 75 c.; il a tout revendu pour 6 096 fr. 75 c., et a gagné 739 fr.

888. SOLUTION. Le mémoire s'élevait à 6 548 fr. 75 c. L'architecte a fait une diminution de 1 140 fr. 75 c.

889. SOLUTION. Cet épicier a payé son baril 261 fr. 30 c. Son bénéfice sera de 31 fr. 20 c.

890. SOLUTION. Elles se sont élevées à 217 203 fr.

891. SOLUTION. Ces recettes ont été de 267 434 fr. 82 c.

892. SOLUTION. Il faudrait payer 4 462 fr. 50 c.

893. SOLUTION. On donnera au changeur 217 fr. 50 c.

894. SOLUTION. On doit lui payer 172 fr. 50 c.

895. SOLUTION. Elle emploiera 50 760 minutes.

896. SOLUTION. Ce sac pèse 46 387^{G},004^{mG}; il contient une valeur de 143 800 fr.

897. SOLUTION. On doit payer 684 fr. 75 c.

898. SOLUTION. Il doit payer 3 270 fr.

899. SOLUTION. On devra payer 3 900 fr.

900. SOLUTION. La toue de *Saint-Étienne* contient 870 hectolitres de charbon, son poids est de 80 040 kilog., elle paye d'entrée dans Paris 261 fr.

901. SOLUTION. La toue de charbon de terre du *Nord* en contient 2 475 hectolitres, pesant 202 950 kilog., cette toue vaut 6 558 fr. 75 c.

902. SOLUTION. Cette voiture revient à 133 fr. 25 c.

903. SOLUTION. Ce quarteau d'eau-de-vie revient à 101 fr. 25 c.; on économisera 33 fr. 75 c.

904. SOLUTION. Le prix d'estimation de la treille était de 1 030 fr. 25 c. On a vendu ce raisin pour 871 fr. 75 c.; l'acheteur a fait un bénéfice de 396 fr. 25 c.

905. SOLUTION. Cet édifice aura 5 680 carreaux; le vitrier touchera 1 988 fr.

906. SOLUTION. Cette école reçoit 375 élèves; le montant des rétributions mensuelles est de 1034 fr. 25 c.

907. SOLUTION. Il en produira 90 566 000 grains.

908. SOLUTION. On a récolté 2136 bottes de fourrages pesant ensemble 10 744^{KG},08^{DG}.

909. SOLUTION. Chaque ouvrier a gagné 34 fr. 50 c.; il y avait en tout 1 564 stères de bois dont le sciage a coûté 1 173 fr.

910. SOLUTION. Ces caisses contiennent 2 304 kilog. de savon ayant une valeur de 1 958 fr. 40 c.

911. SOLUTION. Il y a en tout 31 684 oranges qui ont coûté 5 639 fr. 75 c. (5 639, 752).

912. SOLUTION. Ce terrain contient 119 025 pieds d'arbres; la longueur de la 1re corde serait de 1190^{M} 25^{cm}; celle de la seconde serait de 410 636^{m}25.

913. SOLUTION. Le poids total de ces bœufs est de 11 725 kilog.; ils ont coûté 7 973 fr.

914. SOLUTION. Ce transport coûtera 536 fr. 25 c.

915. SOLUTION. On a payé à Poissy 24 837 fr. 92 c.; à l'octroi de Paris 2 569 fr. 44 c. pour l'entrée; chaque veau revient hors Paris à 61 fr. 48 c.

916. SOLUTION. Cette vente a produit 32 121 fr.

917. SOLUTION. Ce boulanger a touché pour le pain de 1re qualité 254 fr. 62 c., pour celui de 2e 41 fr. 14 c.; la différence demandée est de 13 fr. 09 c.

918. SOLUTION. Cet épicier a acheté pour 3 702 fr. 25 c. de la 1re qualité, pour 3 325 fr. 75 c. de la 2e, pour 2 723 fr. 75 c. de la 3e. Il a gagné sur la 1re 439 fr. 25 c., sur le 2e 313 fr. 75 c., sur la 3e 188 fr. 25 c.

919. SOLUTION. Cette caisse contient une valeur de 10 156 fr., le poids des pièces de 5 fr. est de 49 kilog., les pièces de 1 fr. pèsent 1 780 grammes (1).

---

(1) Dans l'énoncé, *au lieu de* 45^{KG} 78^{DG}, *lisez* : 50^{KG} 78^{DG}.

Mesures étrangères comparées aux mesures françaises.

920. SOLUTION. Ces 345 *milles* valent 55^{MM},5105.

921. SOLUTION. Ces 45 *milles* valent 4^{MM},7970.

922. SOLUTION. 93 *milles d'Allemagne* valent 68^{MM},8851. 162 *milles romains* valent 241^{KM},218.

923. SOLUTION. Ces 345 *lieues* valent 146^{MM},2110; 278 *milles Portugal* valent 514^{KM},578.

924. SOLUTION. 1 257 *yards* valent 1 149^{M},4 008. 537 *aunes de Francfort* valent 293^{M},9 001; et 3 547 *aunes de Danemarck* valent 2226^{M}4 519.

925. SOLUTION. Les 658 *archines* valent 468^{M},167 les 345 *brasses* valent 204^{M},999; les 768 *aunes* valent 878^{M},3616.

926. SOLUTION. Les 145 *yards* valent 121$^{met\ car}$,22.

927. SOLUTION. 375 *kilomètres* valent 233,0625 *milles anglais*; 49,7475 *milles de Danemark*; 50,625 *milles d'Allemagne*; 277,0125 *milles romains*; 88,35 *lieues* et 202,5 *milles de Portugal.*

928. SOLUTION. 1 585 *mètres* valent 1 733,356 *yards*; 2 524,4295 *aunes de Danemarck*; 2 895,9535 *aunes de Francfort*; 2 227,559 *archines*; 2 672,627 *brasses*, et 1 386,0825 *aunes de Genève.*

929. SOLUTION. 354 *pieds anglais* valent 107^{M},8992; 4 535 *pieds de Danemarck* valent 1 423^{M},5 365, et 3 765 *pieds de Russie* valent 1 314^{M},3 615.

930. SOLUTION. 1 875 *mètres* valent 6151,5 *pieds anglais*, 5 979,1 875 *pieds de Danemarck*, et 5 370,9375 *pieds de Russie.*

931. SOLUTION. 45 *gallons* valent 242^{L},055^{ml}; 248 *pintes* valent 148^{L},056^{ml}; 354 *canettes* valent 198^{L},948; 445 *maas* valent 274^{L},565^{ml}.

932. SOLUTION. 378 *litres* valent 70,2702 *gallons*; 633,15 *pintes*; 672,4998 *canettes*, et 612,6246 *maas.*

933. SOLUTION. 356 *quarters* valent 1 003^{hL},47^{L} 144^{ml}; 437 *tonnes* contiennent 607^{hL},91^{L},07^{cl} ; 678 *sacs* valent 549^{hL},66^{L},138^{ml}; 254 *malters* contiennent 274^{hL}, 29^{L},46^{cl}; les 485 *cheffels* valent 1 758^{hL},61^{L}.

934. SOLUTION. 357 *hectolitres* contiennent 126,6 636 *quarters*; 256,3 617 *tonnes*; 365,4 966 sacs; 330,582 *malters* ; et 98,3 892 *scheffels*.

935. SOLUTION. 1342 *livres d'Angleterre* valent 612^{GK} 996^{G},8^{dG}; 3 445 *livres de Danemark* pèsent 1 723^{KG},009^{G} 86^{cG}; 2 034 *livres d'Amsterdam* pèsent 1 004^{KG},645^{G},484^{m}; enfin 905 *livres de Bavière* pèsent 506^{KG},811^{G},765^{mG}.

936. SOLUTION. 175 *livres sterlings* valent 4 414 fr. 75 c.; 156 *chrétiens d'or* valent 3 268 fr. 20 c.; 285 *ducats de Hollande* valent 3357 fr. 30 c.; 342 *ducats de l'aigle* valent 3 963 fr. 78 c.; enfin 241 *pièces de 10 et 5 roubles* valent 12 623 fr. 58 c.

937. SOLUTION. 1 387 *souverains* valent 34 940 fr. 79 c.; 3 478 *ducats fins* valent 41 214 fr. 30 c.; 1 589 *souverains d'Italie* valent 55 821 fr. 57 c.; 978 *quadruples* valent 79 716 fr. 78 c.

938. SOLUTION. 185 *pièces de 40 francs* valent 293, 669 *livres sterling* ; 353,313 *chrétiens d'or*, 628,1 675 *ducats de Hollande* ; 638,4 905 *ducats de l'aigle*, 141,5 435 *pièces de 10 et de 5 roubles.*

939. SOLUTION. 347 *pièces de 20 francs* valent 275,7 262 *souverains*; 585,6 666 *ducats fins*, 197,5 471 *souverains d'Italie*; 85,5 702 *quadruples*.

940. SOLUTION. 185 *couronnes* valent 1 074 fr. 85 c.; 1 875 *schillings* valent 2 175 fr.; 480 *roubles* valent 1 920 fr.; 25 000 *florins* valent 650 000 fr.; enfin 2 550 *thalers* valent 13 170 fr. 50.

941. SOLUTION. 1 500 *risdales* valent 8 625 fr.; 3 000 *écus* valent 15 570 fr.; 500 *demi-souverains* valent 8 780 fr.; 4 500 *piastres* valent 24 705 fr.; 730 *crusades* valent 2 146 fr. 20 c.

942. Solution. 3 600 fr. représentent 622,8 *couronnes;* 8 103,2 *schillings;* 900 *roubles;* 1 386 *florins*, 968,4 *thalers.*

943. Solution. 1 500 *francs* valent 778,5 *écus;* 258 *risdales;* 85,5 *demi-souverains;* 273 *piastres;* 517,5 *crusades neuves.*

Astronomie. — Physique.

944. Solution. La circonférence de la terre est de 400 000 320^KM^.

945. Solution. Cette distance était de 15 300 mètres.

946. Solution. Ce vaisseau se trouvait à 1 732^MM^,5.

947. Solution. La distance de la terre au soleil est de 15 403 500 myriamètres.

948. Solution. Ces vaisseaux se trouvent à une distance l'un de l'autre de 2 499 kilomètres.

949. Solution. Le tonnerre a éclaté à une distance de 7 820 mètres.

950. Solution. Le son parcourrait dans l'eau de mer 1 598 mètres par seconde.

951. Solution. 345 mètres cubes d'air contiennent 272 550 litres d'*azote* et 72 450 litres d'*oxygène.*

952. Solution. Un individu consomme en 15 jours 117 900 litres d'air.

953. Solution. Il y a dans 7885 kilog. de charbon animal 946 200 grammes de *carbone pur.*

Applications géométriques.

954. Solution. Elle est de $27^{\text{mèt car}}$,093 750.

955. Solution. Elle est de 3 $688^{\text{mèt car}}$,328 250.

956. Solution. Elle est de 93 750 mètres carrés.

957. Solution. Elle est de $554^{\text{mèt car}}$,599 644.

958. Solution. Elle contient 3 $459^{\text{mèt car}}$,082 146.

959. Solution. Deux caisses différentes pourront

contenir ces volumes : l'une ayant pour dimensions $0^{M},48^{cm}$ de haut, $0^{M},46^{cm}$ de large, et $1^{M},04^{cm}$ de long; l'autre ayant $0^{M},48^{cm}$ de haut, $0^{M},26^{cm}$ de large, et $1^{M},84^{cm}$ de long, selon la disposition des volumes.

960. SOLUTION. Cette caisse contient 4 914 volumes.

961. SOLUTION. Elle est de $88^{\text{mèt car}}$,9 920.

962. SOLUTION. Ce parquet coûtera 2 021 fr. 10 c.

963. SOLUTION. On emploiera 875 carreaux; la salle aura $12^{M},25^{cm}$ de long et $6^{M},25^{cm}$ de large.

964. SOLUTION. Cette caisse aura $2^{M},30^{cm}$ de longueur, $1^{M},80^{cm}$ de largeur et $0^{M},14^{cm}$ de hauteur.

965. SOLUTION. Ce poids sera de 1 $083^{KG},875^{G}$.

966. SOLUTION. Ce volume est de $30^{\text{mèt cub}}$,318 750.

967. SOLUTION. Cette pièce contient un volume d'air de $568^{\text{mèt cub}}$,965 875.

968. SOLUTION. Elle est de $0^{\text{mèt cub}}$,907 500.

969. SOLUTION. Cette surface est de $374^{\text{mèt car}}$,44.

970. SOLUTION. Cette surface est de $25^{\text{mèt car}}$,0 125.

971. SOLUTION. La circonférence de ce cercle est de 19^{M},289 424. Sa surface est de $29^{\text{mèt car}}$,60 926 584.

972. SOLUTION. Ce puits contient $13^{\text{mèt cub}}$, 194 720 d'eau; il pourrait en contenir $156^{\text{mèt cub}}$, 687 300.

973. SOLUTION. Elle est de $0^{\text{mèt cub}}$,229 802 044.

974. SOLUTION. Elle est de $0^{\text{mèt cub}}$,024 033 240.

975. SOLUTION. Ce cylindre contient $6^{\text{mèt cub}}$, 801 564 de zinc.

976. SOLUTION. La surface est de $0^{\text{mèt car}}$, 91 609 056. Son volume est de $0^{\text{mèt cub}}$,082 449 150 400.

977. SOLUTION. Elle est de $0^{\text{mèt car}}$,63 774 482.

978. SOLUTION. Elle est de $0^{\text{mèt cub}}$,988 125.

979. SOLUTION. Elle est de $0^{\text{mèt cub}}$,029 925.

980. SOLUTION. Elle est de $0^{\text{mèt cub}}$,001 385 435 600.

981. SOLUTION. La surface convexe de ce prisme est de $0^{\text{mèt car}}$,3 315.

982. SOLUTION. La surface convexe de ce parallélipipède est de 2$^{\text{mèt car}}$,2 050. La circonférence du cercle circonscrit à la base est 2^{M},19 912; la surface convexe du cylindre serait de 2$^{\text{mèt car}}$,309 076.

983. SOLUTION. Ce volume est de 0$^{\text{mèt cub}}$,001 920.

984. SOLUTION. Ces deux surfaces sont équivalentes et représentées par 0$^{\text{mèt car}}$,77 786 016.

985. SOLUTION. La surface convexe de cet hexaèdre est de 0$^{\text{mèt car}}$,6 936.

986. SOLUTION. Cette peinture coûtera 697 fr. 90 c.

987. SOLUTION. Cette table occupe dans la salle un espace de 1$^{\text{mèt cub}}$,198 724 604.

988. SOLUTION. La capacité de ce bassin est de 76$^{\text{mèt cub}}$,35.

989. SOLUTION. Elle est de 0$^{\text{mèt cub}}$,125.

990. SOLUTION. La surface convexe de cette pyramide est de 13$^{\text{mèt car}}$,32.

991. SOLUTION. Elle est de 0$^{\text{mèt cub}}$,000 202 0771 368.

992. SOLUTION. La surface convexe intérieure de ce pavillon est de 100$^{\text{mèt car}}$,5 750.

VI. PROBLÈMES

SUR L'ADDITION, LA SOUSTRACTION ET LA MULTIPLICATION DES NOMBRES ENTIERS ET DÉCIMAUX.

993. Dans l'inventaire d'un magasin de nouveautés, les articles de laines s'élèvent à 378 542 fr.; ceux de soieries montent à 148 575 fr.; les toiles de coton sont estimées à 48 652 fr.; enfin les articles divers de mercerie et de confection forment une somme de 27 653 fr.; mais il est dû sur les lainages une somme de 47 850 fr.; sur les soieries 39 435 fr.; sur les colons 23 057 fr., et sur les autres articles 18 200 fr.; à combien s'élève la valeur réelle du magasin?

SOLUTION. Pour résoudre cette question, il faut retrancher l'ensemble des sommes dues sur chaque article, du total effectué des diverses sommes composant l'actif du magasin. Le calcul effectué donne pour réponse 474 880 fr.

994. Un négociant a acheté 185 kilog. de café à 3 fr. 15 c. le kilog., 378 kilog. de sucre à 1 fr. 75 c. et 655 kilog. de bougies à 2 fr. 85 c.; combien a-t-il dépensé en tout et pour chaque espèce de marchandise?

SOLUTION. Les 185 kilog. de café ont coûté 185 × 3,15; les 378 kilog. de sucre reviennent à 378 × 1,75; enfin, les 655 kilog. de bougies ont été payés 655 × 2 fr. 85 c. Maintenant, pour déterminer la somme dépensée, il suffira d'effectuer l'addition des divers produits obtenus Les calculs effectués, on trouve que ce négociant a acheté pour 661 fr. 50 c. de sucre, pour 582 fr. 75 c. de café, pour 1 866 fr. 75 c. de bougies, et qu'il a dépensé en tout 3 111 fr.

995. Deux négociants ont fait entre eux un échange : l'un a donné à l'autre 23 pièces de toile de 54 mètres chacune à 3 fr. 45 c. le mètre, celui-ci lui a rendu 12 pièces de drap de 32 mètres chacune à

11 fr. 40 c.; combien celui des deux qui a reçu le plus doit-il rembourser à l'autre?

SOLUTION. Pour savoir ce que chacun a donné ou reçu, il est évident qu'il faudra évaluer en francs les quantités de toile et de drap échangées, et en retranchant ensuite la plus petite somme de la plus forte on déterminera la différence à rembourser. Or, les 23 pièces de toile chacune de 54 mètres à 3 fr. 45 c. l'un, valent 23 × 54 × 3 fr. 45; de même les 12 pièces de drap chacune de 32 mètres à 11 fr. 40 c., valent 12 × 32 × 11 fr. 40 c. Ces calculs effectués, on trouve pour la valeur de la toile 4 284 fr. 90 c.; celle du drap est de 4 377 fr. 60 c.

Le marchand de toile redoit au marchand de drap 92 fr. 70 c.

996. Un négociant a acheté 142 mètres de drap à 22 fr. 25 c., 45 pièces de toile de 42 mètres chacune à 4 fr. 25 c. le mètre, 13 pièces de soie de 32 mètres à 5 fr. 35 c.; il vend le drap 26 fr. 35 c. le mètre, la toile 5 fr. 45 c. et la soierie 7 fr. 85 c.; combien a-t-il acheté de mètres d'étoffes? Qu'a-t-il payé pour chaque espèce? Quel a été son bénéfice total?

SOLUTION. La somme faite des nombres 142; 45 × 42 et 13 × 32 exprimera la totalité des mètres achetés; le produit 142 × 22 fr. 25 c. indiquera le coût du drap; le produit 45 × 42 × 4 fr. 25 c. exprimera celui de la toile, et le produit 13 × 32 × 5 fr. 35 c. représentera le prix de la soie, enfin la différence entre la somme de ces trois derniers produits et celle des trois produits suivants 142 × 26,35; 45 × 42 × 5,45 et 13 × 32 × 7,85; exprimant, le 1er le prix de la vente du drap, le 2e le montant de la vente de la toile, le 3e enfin, le prix de la vente de la soierie, représentera le bénéfice total demandé.

Ce négociant a donc acheté 2 448 mètres d'étoffes diverses; il a payé pour le drap, 3 159 fr. 50 c.; pour la toile, 8 032 fr. 50 c., et pour la soierie, 2 225 fr. 60 c.; son bénéfice total s'est élevé à 3 890 fr. 20 c.

997. Un ouvrage in-12 de 25 volumes est divisé en deux parties, dont la 1re contient 12 volumes, renfermant chacun 648 pages; la 2e, formée du reste des volumes, qui contiennent chacun 720 pages; chaque page a deux colonnes composées chacune de 45 lignes formées chacune de 28 lettres ; quel est le nombre de pages, de colonnes, de lignes et de lettres que contient cet ouvrage ? (La feuille in-12 a 24 pages.)

SOLUTION. La 1re partie devant renfermer 12 volumes ayant chacun 648 pages, contiendra évidemment ce nombre de pages répété 12 fois ; de même, la 2e partie renfermera autant de fois 720 pages qu'elle aura de volumes, ou 720 × 13 pages. La somme de ces deux produits indiquera le nombre des pages contenues dans l'ouvrage ; ce nombre multiplié par 2 donnera celui des colonnes, ce dernier produit multiplié par 45 donnera le nombre des lignes ; enfin, ce dernier produit multiplié par 28 représentera le nombre des lettres contenues dans tout l'ouvrage.

L'ouvrage en question renferme donc 17 136 pages divisées en 34 272 colonnes formées de 1 542 240 lignes composées de 43 182 720 lettres.

998. Un horloger a acheté 137 montres en or à 235 fr. pièce, et 345 en argent à 28 fr. 75 c. ; on demande combien il a acheté de montres, combien il a déboursé pour celles en or, pour celles en argent, pour toutes ensemble ; quel est l'excès du nombre des montres en argent sur celui des montres en or, et la différence du prix d'achat de toutes celles-ci sur celui des autres.

SOLUTION. Le nombre total des montres achetées s'obtiendra en additionnant celles en or et celles en argent. Une seule montre en or coûtant 235 fr., les 137 montres de même métal coûteront nécessairement ce prix répété 137 fois, ou 235 fr. × 137 ; de même, une montre en argent revenant à 28 fr. 75 c., les 345 montres de ce métal reviendront à 28 fr. 75 c. × 345 ; la somme d'argent donnée pour ces deux achats sera exprimée par le résultat de l'addition des deux produits ainsi obtenus ; l'excès du nombre des montres en argent sur celui des montres en or s'obtiendra par la soustraction des deux nombres 345 et 137 ; enfin celui du prix de ces dernières sur le prix des autres s'obtiendra en soustrayant l'un de l'autre les nombres exprimant les prix de revient de ces deux achats.

Cet horloger a acheté 482 montres ; le prix de celles en or s'est élevé à 32 195 fr., celles en argent ont coûté 9 918 fr. 75 c. ; il a donc dépensé en tout 42 113 fr. 75 c.; l'excès du nombre des montres en argent sur celles en or est 208, et le prix des montres en or excède de 22 276 fr. 25 c. le prix de celles en argent.

Problèmes usuels. — Système métrique.

999. SOLUTION. L'absence de ce voyageur a été de 128 jours ou de 3 078 heures.

1000. SOLUTION. Cet enfant a vécu 198 heures, ou 11 915 minutes, ou enfin 714 915 secondes.

1001. SOLUTION. Ce bénéfice s'élèvera à 283 fr. 725.

1002. SOLUTION. Cet écolier a reçu 43 fr. 75 c.; il lui reste 23 fr. 90 c.

1003. SOLUTION. Il en avait 204; il lui en reste 102.

1004. SOLUTION. Cet ouvrier gagne par an 1 068 fr. 75 c.; il dépense 529 fr. 25 c. et en économise 539 50.

1005. SOLUTION. On a payé pour le bois 106 fr. 75 c.; les scieurs ont reçu 3 fr. 50 c.; le bois tout scié revient à 110 fr. 25 c.

1006. SOLUTION. Il en a acheté en tout 3 780 litres pour 2 367 fr.; celui de la 1re espèce lui a coûté 481 fr. 25 c., celui de la 2e 1 144 fr., et celui de la 3e 741 fr. 75 c.

1007. SOLUTION. Cette facture s'élève à 307 fr. 14 c.

1008. SOLUTION. Ces ouvriers gagnent par jour, le 1er 6 fr. 60 c., le 2e 4 fr. 95 c. Il est dû au 1er 297 fr., au 2e 193 fr. 05 c., à tous deux 490 fr. 05 c.

1009. SOLUTION. Elle s'est élevée à 331 fr. 8 875, dont 221 fr. 6 375 pour le sucre et 110 fr. 25 c. pour le café.

1010. SOLUTION. Il demandait 46 fr. 8 006, il a reçu 35 fr. 455. Son mémoire a été diminué de 11 fr. 3 456.

1011. SOLUTION. Ce négociant a gagné 4 542 francs.

1012. SOLUTION. Ce fournisseur devait toucher

8 946 francs; il a reçu 7845 fr. 50 c. Sa facture a subi une réduction de 1 100 fr. 50 c.

1013. SOLUTION. On a acheté en tout 537 pieds d'arbres qui ont coûté tout plantés 491 fr. 55 c.; les peupliers avaient coûté 224 fr. 25 c., les poiriers 103 fr. 75 c., les pommiers 48 fr. 30 c., et les abricotiers 50 fr. 25 c.

1014. SOLUTION. Elle a payé 2 fr. 55 c. pour ses œufs, 5 fr. 175 pour son beurre, 4 fr. 83 c. pour sa boucherie. Elle a dépensé en tout 16 fr. 405; il lui reste 18 fr. 595.

1015. SOLUTION. Ce bois a coûté 7 006 fr. 25 c.; on l'a revendu pour 8 386 fr. 25 c. Dans la 2ᵉ supposition, on ne l'aurait revendu que 5 626 fr. 25 c.

1016. SOLUTION. Il a gagné 16 864 fr. 35 c.

1017. SOLUTION. Le train *trajet direct* parcourra 900^{KM}; 350 de plus que l'autre, qui n'en parcourra que 550.

1018. SOLUTION. Chaque homme aurait brûlé 200 cartouches. On en a brûlé 3 750; dans le 2ᵉ cas, on en aurait brûlé 30 000. Cette différence eût été de 26 250.

1019. SOLUTION. Il y a dans les écoles de cette commune 146 enfants. Il y en a 83 dans la 1ʳᵉ, et 63 dans la 2ᵉ; le nombre des garçons excède de 34 celui des filles.

1020. SOLUTION. Cet instituteur touche annuellement une rétribution mensuelle s'élevant à 1 792 fr. 50 c.; son traitement fixe est de 507 fr. 50 c.

1021. SOLUTION. Il emploie par jour 1 113^{KG} de farine, et fait 1 428^{KG} de pain; l'excès du prix du pain fabriqué sur celui de la farine employée est de 91 fr. 56 c. (1).

1022. SOLUTION. La 1ʳᵉ pièce contient 165 375 vo-

(1) Dans l'énoncé, *au lieu de* 54 pains, *lisez* 102 pains.

lumes; la 2e en contient 135 720, ou 29 655 de moins que la 1re. Cette bibliothèque renferme en tout 301 095 volumes.

1023. SOLUTION. Ce prix d'estimation est de 758724 fr. 75 c.; il surpasse le prix offert de 83 724 fr. 75 c.

1024. SOLUTION. Elle gagne dans l'année 1 872 fr. 50 c.; la jeune fille garde pour son entretien 199 fr. 55 c.

1025. SOLUTION. En entrant au jeu, le 2e enfant avait 12 billes, le 3e 64. Après la partie, le 1er en avait 40, et chacun des deux autres 20. Ils avaient en tout 80 billes.

1026. SOLUTION. Cette coupe a été payée 401 520 fr.; la vente brute a produit 463251 fr. : l'excès de cette dernière somme sur l'autre est de 61 731 fr.

1027. SOLUTION. Chaque caisse vaut, la 1re 135 fr., la 2e 236 fr. 25 c., la 3e 171 fr.; la 2e, qui est la plus grande, contient: 1° 135 oranges et vaut 101 fr. 25 c. de plus que la 1re; 2° 295 oranges et vaut 65 fr. 25 c. de plus que la 3e; il y a en tout 1 595 oranges qui ont coûté 442 fr. 25 c.

1028. SOLUTION. Il lui redoit 55 fr.

1029. SOLUTION. Il contient 204 croisées et 1 632 carreaux qui ont coûté 2 040 fr.

1030. SOLUTION. Ce panier est revenu à 379 fr. 05 c.; on a gagné, en le revendant, 52 fr. 20 c.

1031. SOLUTION. Il perdra 316 fr. 50 c.

1032. SOLUTION. Il est dû en tout 8 778 fr. 75 c. : à la 1re série 2 231 fr. 25 c., à la 2e 3 037 fr. 50 c., à la 3e 3 510 fr.; enfin, il est dû à chaque ouvrier de la 1re série 63 fr. 75 c., de la 2e 56 fr. 25 c., et de la 3e 45 fr.

1033. SOLUTION. Ce bénéfice sera de 121 fr. 30 c.

1034. Solution. Ce prix estimatif est de 37 340 fr.

1035. Solution. Ce mémoire s'élève à 94 fr. 70 c.

Mesures étrangères comparées aux mesures métriques.

1036. Solution. Il a parcouru 3 186^{KM},735.

1037. Solution. Il a acheté 1 799^{M},8 605 d'étoffes.

1038. Solution. On a payé 3 059 fr. 45 c. de fourrures, et 5 948 fr. 80 c. d'étoffes; on a payé en tout 9 008 fr. 25 c.

1039. Solution. Ce négociant a gagné sur le prix de la 1re acquisition 5 676 fr. 04 c., sur celui de la 2e 7 578 fr. 78 c.; sur les deux ensemble 13 254 fr. 82 c.

1040. Solution. Ce capitaliste possède à *Londres* 34 663 fr. 75 c.; en *Russie* 182 600 fr.; en *Autriche* 36 496 fr. 50 c., et en *Espagne* 47 683 fr. 35 c. Il possède en tout 301 443 fr. 60 c.

1041. Solution. Cet entrepreneur a payé aux maçons 5 924 fr. 35 c., aux charpentiers 2 004 fr. 45 c., et aux menuisiers 1 444 fr. 20 c. Il a payé en tout 9 373 fr.

1042. Solution. La valeur du 1er envoi était de 5 640 fr., celle du 2e de 6 148 fr. 20 c. Le commissionnaire a gagné 508 fr. 20 c. (1).

1043. Solution. On a acheté 3 361^{L},875^{ml}; les 25 tonnes reviennent à 4 350 fr.; on a fait sur la vente un bénéfice de 2 272 fr. 89 c.

1044. Solution. On a versé en tout 305 137 fr. 93 c.; la 2e a coûté 124 735 fr. 17 c. de plus que la 1re.

1045. Solution. On a dépensé 3 545 fr. 11 c. Il reste 2 329 fr. 89 c.

1046. Solution. On a acheté 56^{KG},675^{G} de thé; on a payé le tout 1 015 fr., et gagné sur la vente 486 fr. 89 c.

---

(1) Dans l'énoncé, *au lieu de* 142 paniers, *lisez* 32 paniers.

1047. SOLUTION. Cet individu possède 647 fr. 96 c. en or, 232 fr. 01 en argent; en tout 879 fr. 97 c.

Applications géométriques.

1048. SOLUTION. Cette superficie est de $354^{\text{mèt car}}$, 4 275.

1049. SOLUTION. La peinture coûtera 321 fr. 58 c.

1050. SOLUTION. On aura à payer 1 121 fr. 53 c.

1051. SOLUTION. La surface du terrain est de 73^{A}, 18^{ca}.

1052. SOLUTION. Cette superficie est de $1\,053^{A}$, 75^{ca}.

1053. SOLUTION. Cette peinture coûtera 108 fr. 29 c.

1054. SOLUTION. Cette pièce renferme un volume d'air de $502^{\text{mèt cub}}$,981 625.

1055. SOLUTION. Le volume de la maçonnerie est de $175^{\text{mèt cub}}$; elle a coûté 787 fr. 50 c. (1).

1056. SOLUTION. Son volume est de $2^{\text{mèt cub}}$,325 875. Sa surface convexe est de $14^{\text{mèt car}}$,1 550.

1057. SOLUTION. La superficie de la couronne circulaire est de $2^{\text{mèt car}}$,042 040.

1058. SOLUTION. Le volume d'air contenu entre ces deux sphères est de $130^{\text{mèt cub}}$,377 447 200.

1059. SOLUTION. Il y a dans les deux grands compartiments 4 950 carreaux; dans les deux petits il y en a 585; dans tout le vitrage, 5 535. La surface totale qu'ils occupent est de $533^{\text{mèt car}}$,0 575.

1060. SOLUTION. La superficie extérieure de la maçonnerie est de $196^{\text{mèt car}}$; sa superficie intérieure de $171^{\text{mèt car}}$,50; son volume est de $114^{\text{mèt car}}$,312 500.

1061. SOLUTION. On a payé 1 085 fr. 42 c.

1062. SOLUTION. Le volume de la maçonnerie de ce bâtiment est de $1\,016^{\text{mèt cub}}$,713.

---

(1) Dans l'énoncé, *au lieu de* n'est plus que de $3^{m}45$, *lisez* n'est plus que de $2^{m}45$.

DIVISION.

VIII. Exercices

SUR LA DIVISION DES NOMBRES ENTIERS ET DÉCIMAUX.

Nombres entiers.

1063. RÉPONSE. Ces quotients sont 9. 8. 8. 7.

1064. RÉPONSE. Les nombres 54. 132. 1 129 représentent respectivement ces quotients.

1065. RÉPONSE. Ces quotients sont 373 et 23.

1066. RÉPONSE. La 1re division donne pour *quotient* 795 et pour *reste* 20; la 2e donne pour *quotient* 111 et pour *reste* 42.

1067. RÉPONSE. Cette division a 993 pour *quotient* et 49 pour *reste.*

1068. RÉPONSE. La 1re division donne pour *quotient* 6 et pour *reste* 21 397; la 2e a pour *quotient* 21 et pour *reste* 1 494; la 3e a pour *quotient* 6 361 et pour *reste* 114.

1069. RÉPONSE. La 1re division donne pour *quotient* 1 270 et pour *reste* 270; la 2e a pour *quotient* 185 et pour *reste* 1 707.

1070. RÉPONSE. On obtient successivement: 1° pour *quotient* 2 841 et pour *reste* 86; 2° pour *quotient* 271 et pour *reste* 24; 3° pour *quotient* 1 275 et pour *reste* 425.

1071. RÉPONSE. *Charles-Quint* abdiqua en 1556.

1072. RÉPONSE. *Charles le Téméraire* mourut en 1477.

1073. RÉPONSE. La mort de *Socrate* date de l'an 400 avant J.-C.

1074. RÉPONSE. *Syracuse* fut fondée en 752 avant J.-C.

1075. RÉPONSE. Le dévouement de *Codrus* date de l'an 1132 avant J.-C.

1076. RÉP. *Alexandre* mourut en 323 avant J.-C.

1077. RÉPONSE. La mort d'*Épaminondas* date de l'an 363 avant J.-C.

1078. RÉPONSE. La bataille d'*Hasting* fut livrée en 1066.

1079. RÉPONSE. La 3e *croisade* fut entreprise en 1189.

1080. RÉPONSE. La *mort noire* exerça ses ravages en Europe en 1348.

1081. RÉPONSE. Les *Portugais* commencèrent la *traite des nègres* en 1442.

1082. RÉPONSE. *Charles-Quint* mourut en 1558.

1083. RÉPONSE. *Sixte-Quint* fut élu pape en 1585.

1084. RÉPONSE. La révolte de *Mazaniello* à *Naples* eut lieu en 1647.

1085. RÉPONSE. *Pierre le Grand* fut empereur de *Russie* en 1682.

1086. RÉPONSE. *Olivier Cromwell* mourut en 1658.

1087. RÉPONSE. *Pierre le Grand* mourut en 1725, après un règne de 43 ans.

1088. RÉPONSE. La guerre de *sept ans* commença en 1756. La *restauration de Charles II* en *Angleterre* eut lieu en 1660.

1089. RÉPONSE. *Stanislas Leczinski* mourut en 1766. Il avait pris possession du *duché de Lorraine* en 1737.

Nombres décimaux.

1090. RÉPONSE. Les quotients respectifs de ces divisions sont : 1° 0,03447; 2° 0,02329.

1091. RÉPONSE. Ces quotients approchés à 0,01 près, sont respectivement : 1° 11 879,83; 2° 3 058,04; 3° 1 950,28.

1092. RÉPONSE. On a pour quotients approchés à 0,01 près : 1° 1 021,77; 2° 7 523,88; 3° 80,72.

1093. RÉPONSE. Ce quotient est 54,78, à 0,01 près.

1094. RÉPONSE. On a successivement pour quotients approchés à 0,001 près : 1° 172,903; 2° 11,887; 3° 1,832.

1095. RÉPONSE. Les quotients successivement obtenus et approchés à 0,001 près, sont : 1° 1,229; 2° 11,688; 3° 1 499,327.

1096. RÉPONSE. La division des deux premiers nombres donne pour quotient 1,1 666; celle des deux autres donne 1,10108.

1097. RÉPONSE. On obtient pour quotients approchés à 0,001 près : 1° 74,403; 2° 122,428.

1098. RÉPONSE. On a pour quotients approchés à 0,001 près : 1° 54,439; 2° 3,817; 3° 424,418.

1099. RÉPONSE. Les quotients de ces divisions approchés à 0,001 près, sont : 1° 10 148,888; 2° 198 235,294; 3° 82 892,416.

1100. RÉPONSE. Ces quotients approchés à 0,01 près, sont : 1° 716,74; 2° 2 699,38; 3° 1 806,74.

1101. RÉPONSE. Ces quotients approchés à 0,001 près, sont : 1° 0,024; 2° 10,782; 3° 38,418.

1102. RÉPONSE. Les quotients de ces divisions approchés à 0,001 près, sont : 1° 10,107; 2° 11,385.

1103. RÉPONSE. Les quotients de ces divisions approchés à 0,001 près, sont : 1° 2,735; 2° 116,459.

1104. RÉPONSE. Les quotients de ces divisions sont : 1° 82,9; 2° 17424,03.

1105. RÉPONSE. Ces quotients sont : 1° 11,10; 2° 1 040,70.

1106. RÉPONSE. Ces quotients sont : 1° 8 381,355; 2° 2150,147.

1107. RÉPONSE. Ces quotients sont : 1° 7829,4 075.

1108. Réponse. On obtient pour *quotients* : 11,7 et 11,72.

1109. Réponse. Ces quotients sont : 1° 73,020408 ; 2° 6,736603.

1110. Réponse. La ville d'*Orléans* renferme 45790 habitants.

1111. Réponse. La population de *Grenoble* est de 27953 habitants.

1112. Réponse. L'étendue territoriale du département du *Rhône* est de 2704 kilom.

1113. Réponse. Cette étendue est de 5184 kilom.

1114. Réponse. *Charles le Simple* mourut en 929.

1115. Réponse. Les *Juifs* furent expulsés de *France* en 1182.

1116. Réponse. Cette assemblée eut lieu en 1302.

1117. Réponse. La mort de *Henri II* date de 1559.

1118. Réponse. Le *chevalier Bayard* mourut en 1524.

1119. Réponse. Le *massacre* de *Vassy* eut lieu en 1562.

1120. Réponse. L'*Édit de Nantes* fut promulgué en 1598 et révoqué en 1685.

1121. Réponse. La *Corse* fut cédée à la *France* en 1768.

1122. Réponse. Elle date du 2 novembre 1789.

1123. Réponse. L'assassinat des *Guises* à *Blois* eut lieu en 1588.

1124. Réponse. *Henri IV* fut assassiné le 14 mai 1610.

PROBLÈMES

SUR LA DIVISION DES NOMBRES ENTIERS ET DÉCIMAUX.

1125. Un enfant avait 156 billes, il en a perdu le sixième dans la journée ; combien lui en reste-t-il ?

SOLUTION. Pour connaître ce qu'il reste de billes à cet enfant, il faut évidemment diviser par 6 le nombre primitif de ses billes 156, et diminuer ensuite ce nombre du quotient obtenu. Le quotient de 156 divisé par 6 est 26, il reste donc à l'enfant 156 — 26 ou 130 billes.

1126. Une somme de 78 962 est à partager entre 13 héritiers ; que revient-il à chacun ?

SOLUTION. Un héritier représentant la 13e partie des partageants, sa part dans la succession, qui doit être la même pour tous, sera nécessairement la 13e partie de la somme à partager 78 962 fr. ; on déterminera donc cette part en divisant 78 962 par 13. Le quotient obtenu est 6 074.

Chaque héritier recevra donc 6 074 fr.

1127. Un bâtiment monté par 225 hommes a fait une prise qui est estimée à 147 825 fr. ; quelle doit être la part de chaque homme ?

SOLUTION. Il suffirait évidemment, pour que chaque homme reçût 1 fr., que la somme à partager fût égale au nombre des partageants, c'est-à-dire qu'elle fût 225 fr., par conséquent chacun d'eux devra recevoir 1 fr. autant de fois que 225 fr. seront contenus dans le montant de la prise ; il faut donc diviser 147 825 par 225. La division effectuée donne pour quotient 657.

Chaque partageant devra donc recevoir 657 fr.

1128. Un bureau de bienfaisance partage entre 1 885 pauvres une somme de 1 413 fr. 75 c. ; combien chaque pauvre doit-il recevoir ?

SOLUTION. Si le nombre des pauvres se réduisait à un seul, il toucherait la somme tout entière, c'est-à-dire 1 413 fr. 75 c., mais comme 1 pauvre n'est que la 1 885e partie des partageants, il ne devra recevoir que la 1 885e partie de la somme à partager, c'est-à-dire 1 413,75 : 1 885 ou 0 fr. 75 c.

1129. Un volume in-18 renferme 1 149 984 lettres, 26 136 lignes et 792 pages : combien y a-t-il de feuilles dans le volume? Quel est le nombre de lettres contenues dans une ligne, le nombre de lettres et de lignes contenues dans une page, dans une feuille?

Solution. Ce problème peut se diviser en quatre autres distincts :

1° Le premier, répondant à la première question, s'énoncera ainsi : *Un volume in-18 renferme 792 pages, combien a-t-il de feuilles?*

Solution. La feuille in-18 contenant 36 pages, ce volume contiendra autant de fois une feuille que le nombre 792 contiendra de fois 36; le quotient de 792 par 36 répondra donc à cette première question.

2° Le deuxième, répondant à la deuxième question, s'énoncera ainsi : *Un volume renfermant 1 149 984 lettres contient 26 136 lignes ; combien chaque ligne a-t-elle de lettres?*

Solution. 26 136 lignes étant composées de 1 149 984 lettres, une seule ligne sera évidemment composée d'un nombre de lettres exprimé par le quotient de 1149 984 par 26 136.

3° Le troisième, répondant à la troisième question, s'énoncera ainsi : *Un volume de 792 pages contient 26 136 lignes et 1 149 984 lettres; combien chaque page contient-elle de lignes, de lettres?*

Solution. 792 pages étant formées de 26 136 lignes et de 1 149 984 lettres, une seule page se composera d'un nombre de lignes exprimé par le quotient de 26 136 par 792 et d'un nombre de lettres également exprimé par le quotient de 1 149 984 par 792.

4° Enfin, le quatrième, répondant à la dernière question, s'énoncera ainsi : *Un volume, formé de 22 feuilles, est composé de 26 136 lignes et de 1 149 984 lettres; combien une feuille contient-elle de lignes, de lettres?*

Solution. En suivant un raisonnement semblable au précédent, on trouvera que les quotients de 26 136 par 22 et de 1 149 984 par 22 répondront à la question.

Donc le volume en question renferme 22 feuilles, chaque ligne renferme 44 lettres, chaque page contient 33 lignes et 1452 lettres, enfin chaque feuille contient 1188 lignes et 52 272 lettres.

Problèmes usuels. — Système métrique.

1130. SOLUTION. Le prix d'un fauteuil est 54 fr.

1131. SOLUTION. Chaque ouvrier a fait 146 mètres.

1132. SOLUTION. Il y a dans la rame 80 cahiers.

1133. SOLUTION. Elle gagnait par jour 1 fr. 85 c.

1134. SOLUTION. Il y a 20 mains dans une rame.

1135. SOLUTION. Chaque page contient 47 lignes.

1136. SOLUTION. Chaque pièce contient 235 litres.

1137. SOLUTION. Il a dépensé 17 fr. par jour.

1138. SOLUTION. On a acheté 73 mètres de toile.

1139. SOLUTION. Le nombre cherché est 347.

1140. SOLUTION. Le nombre cherché est 31 996.

1141. SOLUTION. Il peut en être soustrait 162 fois.

1142. SOLUTION. Cette fontaine a fourni $3^{l}25^{cl}$.

1143. SOLUTION. On devra employer 287 bouteilles.

1144. SOLUTION. Il faudra 1 548 sacs.

1145. SOLUTION. Il a récolté 3 543 bottes de fourrage.

1146. SOLUTION. Chaque rangée contient 352 pieds d'arbres.

1147. SOLUTION. Il y a 375 escaliers.

1148. SOLUTION. Il y avait dans une pièce 42 mètres.

1149. SOLUTION. Chaque homme en a reçu 37.

1150. SOLUTION. Chacun a eu $40^{HA}\,83^{A},45^{ca}$.

1151. SOLUTION. Chaque rayon contient 115 volumes.

1152. SOLUTION. Le mètre revient à 2 fr. 85 c.

1153. SOLUTION. On a acheté 36 mètres de velours.

1154. SOLUTION. Ce sac en contient 6 260.

1155. SOLUTION. Il en contient 791.

1156. SOLUTION. Ce poids vaut 15 400 pièces de 5 fr.

1157. SOLUTION. Un habillement coûte 78 fr.

1158. SOLUTION. Le litre de ce vin revient à 0 fr. 65 c.

1159. SOLUTION. Il y a 7 jours dans la semaine.

1160. SOLUTION. Le mois de *janvier* renferme 31 jours ou 744 heures.

1161. SOLUTION. Il a parcouru chaque jour 42^{KM}.

1162. SOLUTION. Cet ouvrier composait 13 pages et gagnait 5 fr. 85 c. par jour.

1163. SOLUTION. Il a été tiré à 4 400 exemplaires; on a donné pour le tirage 105 rames 12 mains ou 2 112 mains.

1164. SOLUTION. Le mètre revient à 3 fr. 15 c.

1165. SOLUTION. Le mètre cube revenait à 1 fr. 40 c.

1166. SOLUTION. Le mètre cube revient à 5 fr. 50 c.

1167. SOLUTION. Le mètre cube coûte 3 fr. 85 c.

1168. SOLUTION. Elle a tiré 113 coups à l'heure.

1169. SOLUTION. Ce convoi parcourait 23^{KM}.

1170. SOLUTION. Il est dû à chaque ouvrier 48 fr. 75 c. Ils gagnent chaque jour, un seul, 3 fr. 25 c.; tous ensemble 893 fr. 75 c.

1171. SOLUTION. On brûle 59 stères de bois à 6 fr. 49 c.

1172. SOLUTION. Il y avait 132 pensionnaires.

1173. SOLUTION. Chaque uniforme revenait à 73 fr.; il a gagné sur chacun 8 fr. 85 c.

1174. SOLUTION. Ce mémoire eût été réduit à 0 fr. 755.

1175. SOLUTION. Il dépense 990 fr. par an.

1176. SOLUTION. Le mètre revient à 35 fr. 85 c.; chaque pièce en contient 42.

1177. SOLUTION. Elle compte 1 586 ménages.

1178. SOLUTION. Le prix de l'are est de 48 fr. 65 c.

1179. SOLUTION. Chaque représentant coûte à l'État 9125 fr. par an.

1180. SOLUTION. Les pantalons reviennent à 26 fr.;

les tuniques à 52 fr.; l'habillement complet à 78 fr.

1181. SOLUTION. Chaque litre contient $0^{L},11$ d'eau.

1182. SOLUTION. Ce boulanger emploie chaque jour 4 sacs ou 636^{KG} de farine; un sac contient 159^{KG}.

1183. SOLUTION. Il en fournit 216 kilog.; un kilog. de farine produit $1^{KG},358$ de pain.

1184. SOLUTION. Un kilog. d'eau a fourni $56^{G},027^{m}$ de sel.

1185. SOLUTION. Il a payé 1 fr. 60 c.

1186. SOLUTION. La douzaine d'oranges revient à 2 fr. 25 c.

1187. SOLUTION. Il a gagné par sac 1 fr. 20 c.; il l'a vendu 44 fr.

1188. SOLUTION. Chaque anneau pèse $0^{G},5597$, la chaîne vaut 240 fr.

1189. SOLUTION. Cette rangée contient 167 pièces.

1190. SOLUTION. Ils emploieront 36 jours.

1191. SOLUTION. Il revient à 7 fr. 50 c.

1192. SOLUTION. Elle renferme $0^{G},64516$ de cuivre.

1193. SOLUTION. Les 24 couverts contiennent 888^{G} de cuivre; chacun d'eux en contient 37^{G}, et pèse 185^{G}.

1194. SOLUTION. Elle fait 74 tours.

1195. SOLUTION. Cet espace est $3\,937^{M},5$.

1196. SOLUTION. Depuis 145 secondes.

1197. SOLUTION. Elle emploie 489 secondes.

1198. SOLUTION. Il a payé le mètre 1 fr. 15 c., et a gagné sur le tout 227 fr. 99 c.

1199. SOLUTION. Chaque cheval a été vendu 488 fr., et avait été payé 473 fr.; on a gagné 15 fr. par tête (1).

1200. SOLUTION. Le litre de haricots lui avait coûté 0 fr. 25 c., celui des lentilles 0 fr. 35 c.; il a vendu

(1) Dans l'énoncé, *au lieu de* 1 608 200, *lisez* 1 598 200.

les premiers 0 fr. 30 c., et les lentilles 0 fr. 35 c. le litre.

1201. Solution. Le litre lui revient à 0 fr. 35 c.; il doit augmenter ce prix de 0 fr. 10 c.

1202. Solution. Il a payé le kilog. d'huile 3 fr. 75 c., le litre de bordeaux 2 fr. 45 c.

1203. Solution. Un élève consomme en moyenne 627^{G} de pain et 0,40 de vin.

1204. Solution. Chaque élève a donné en moyenne 1 fr. 20 c.; chaque famille a reçu 3 fr. 60 c.

1205. Solution. Il a été vendu chaque jour en moyenne pour 16 675 fr. de marée.

1206. Solution. Elle est de 1 275 414 fr. 83 c.

1207. Solution. On a consommé dans l'année 5 505 795^{KG},5^{HG} de beurre, soit par jour 15 073^{KG},413^{G}. Cette consommation a coûté par jour 33 915 fr. 18 c.

1208. Solution. La ville de *Paris* donne 7 fr. par inhumation.

1209. Solution. En moyenne, la recette a été de 898 fr. 20 c. par jour.

1210. Solution. Elle perçoit 0 fr. 09 c. par hectolitre.

1211. Solution. Il a produit par kilom. 26 418 fr. 37 c. En moyenne, la recette par jour a été de 51 044 fr. 06 c.

1212. Solution. La ligne d'*Orléans* avait alors 133 kilom. en exploitation.

1213. Solution. L'are de pré a coûté 9 fr. 42 c.; l'are de terre revient à 10 fr. 54 c.

1214. Solution. Le kilog. de café revient pour la 1re espèce à 3 fr. 05 c., pour la 2e à 2 fr. 80 c., et pour la 3e à 1 fr. 94 c. On devra vendre le kilog. de la 1re espèce 3 fr. 50 c., de la 2e 3 fr. 25 c., de la 3e 2 fr. 70 c.

1215. Solution. La recette totale a produit par

kilom. 469,89, dont 339 fr. 65 c. fournis par les voyageurs, et 130 fr. 24 c. produits par les marchandises.

Mesures étrangères.

1216. Solution. Il a parcouru 835,92 *milles anglais.*

1217. Solution. Il a parcouru 2046^{KM} 63.

1218. Solution. Le *mètre* revient à 2 fr. 44 c.; on devra le vendre 2 fr. 87 c.

1219. Solution. Le *mètre* vaut 3,2808 *pieds anglais*, 3,1857 *pieds de Danemark*, 2,8645 *pieds de Russie.*

1220. Solution. Le *litre* vaut 0,1859 *gallons*, 1,6757 *pintes*, 1,7793 *canettes.*

1221. Solution. L'*hectolitre* contient 0,3548 *quarters*, 0,7188 *tonnes*, 1,2335 *sacs.*

1222. Solution. L'*hectolitre* contient 13,00897 *achtels*, 1,91902 *scheffels*, 0,68254 *tonnes.*

1223. Solution. Le *kilogramme* vaut 2,20555 *livres anglaises*, 1,9994 *livres de Danemark*, et 2,02469 *livres d'Amsterdam.*

1224. Solution. Le *kilogramme* vaut 2,352 *livres de Suède*, 2,4456 *livres de Russie*, 2,7777 *livres d'Autriche*, et 2,1384 *livres de Prusse.*

1225. Solution. Les *pièces d'or de* 20 fr. *et de* 40 fr. valent : la 1re 0,75556, la 2e 1,51112 *guinées*, et la 1re 0,7933, la 2e 1,5866 *souverains* ou *livres sterlings*,

1226. Solution. Les *pièces d'or de* 20 fr. *et de* 40 fr. valent : la 1re 1,72562, la 2e 3,55124 *ducats de l'Aigle;* la 1re 1,68776, la 2e 3,37552 *ducats d'Autriche;* la 1re 0,7946, la 2e 1,5892 *souverains;* la 1re 9,6246, la 2e 1,92492 *frédérics.*

1227. Solution. La *pièce de* 20 fr. vaut 0,23418 *quadruples* avant 1772, 0,23829 depuis 1772 et 0,24536 depuis 1786. La *pièce de* 40 fr. vaut 0,46836 des 1res, 0,47658 des 2es, et 0,49072 des 3es.

1228. SOLUTION. Les *pièces de 20 et de 40* fr. valent : la 1re 0,9549, la 2e 1,9098 *chrétiens d'or*; la 1re 1,69775, la 2e 3,3955 *ducats*; la 1re 0,63693, la 2e 1,27386 *ryders*; la 1re 0,76423, la 2e 1,52846 *lions*.

1229. SOLUTION. Le *franc* vaut 0,172 *couronnes*, 0,25 *roubles*, 0,193 *risdales*, 0,269 *thalers*.

1230. SOLUTION. 387 *pièces de* 20 *fr*. valent 292,40172 *livres sterlings*, 387 *pièces de* 40 *fr*. en valent 584,80344.

1231. SOLUTION. Cette somme vaut 3020,759 *ducats*, et 439,148 *quadruples*.

Applications géométriques.

1232. SOLUTION. Le rayon de ce cercle est $4^{M},416^{mm}$.

1233. SOLUTION. Sa largeur est de $46^{M},918^{mm}$.

1234. SOLUTION. Sa largeur est $810^{M},666^{mm}$.

1235. SOLUTION. Sa hauteur est de $24^{M},432^{mm}$.

1236. SOLUTION. Cette surface est de $31^{met\ car},50$.

1237. SOLUTION. La hauteur du cylindre est de 4^{M}.

1238. SOLUTION. Cette hauteur est de $3^{M},30^{cm}$.

1239. SOLUTION. L'autre côté a $6^{M},40^{cm}$ de longueur; le mètre carré coûte 15 fr. 50 c.

1240. SOLUTION. Cette pièce a $5^{M},40^{cm}$ de largeur, le mètre de carrelage revient à 3 fr. 40 c.

1241. SOLUTION. La hauteur du mur est de 3^{M}; le mètre cube de maçonnerie coûte 5 fr. 60 c.

1242. SOLUTION. La base moyenne a 35^{M} de longueur; le mètre carré de couverture coûte 2 fr. 25 c.

1243. SOLUTION. Le côté de l'exagone a $0^{M},15^{cm}$ de long.

1244. SOLUTION. La profondeur du puits est de $7^{M},40^{cm}$. Le mètre cube de maçonnerie revient à 5 fr. 60 c.

1245. SOLUTION. Ce rayon est de $19^{M},325^{mm}$.

1246. SOLUTION. Ce plafond a une largeur de $5^{M},20^{cm}$.

PROBLÈMES

SUR L'ADDITION, LA SOUSTRACTION, LA MULTIPLICATION ET LA DIVISION DES NOMBRES ENTIERS ET DÉCIMAUX.

1247. Diviser le nombre 3129 en deux parties telles que l'une surpasse l'autre de 537.

SOLUTION. La plus grande partie devant surpasser la plus petite de 537, elle équivaut évidemment à celle-ci augmentée de 537; par conséquent, si l'on soustrait du nombre 3 129 le nombre 537, et qu'on divise le résultat par 2, on aura sûrement la plus petite partie. Or, 3 129 — 537 = 2 592 et 2 592 : 2 = 1 296; ainsi, la plus petite partie est 1 296 et la plus grande 1 296 + 537 ou 1 833.

1248. On a payé 103 477 fr. 50 c. 135 pièces de drap de 42 mètres chacune; combien a-t-on payé le mètre? A combien revient chaque pièce?

SOLUTION. Les 135 pièces de drap étant composées chacune de 42 mètres en renferment 135 × 42, ou 5 670 mètres. Ces 5 670 mètres ayant coûté 103 477 fr. 50 c., 1 mètre n'a coûté que la 5 670e partie de cette somme, c'est-à-dire 103 477,50 : 5 670, ou 18 fr. 25 c. Le prix du mètre étant connu, pour avoir le prix d'une pièce qui contient 42 mètres, il suffira de faire le produit de 42 par 18,25; ce qui donne 766,50 pour résultat : chaque mètre a donc coûté 18 fr. 25 c., et chaque pièce de drap 766 fr. 50 c.

1249. 24 ouvriers ont creusé en huit jours un fossé de 7 200 mètres de long; quelle serait la longueur du fossé creusé dans le même temps par 37 ouvriers de même force?

SOLUTION. Il est facile de concevoir qu'un seul ouvrier a creusé la 24e partie du fossé, c'est-à-dire 7 200 : 24, ou 300 mètres, et que 37 ouvriers creuseront une longueur 37 fois plus grande, ou 300 × 37 = 11 100 mètres.

Ce problème peut encore se résoudre en raisonnant comme il suit : si un fossé de 7 200 mètres avait été creusé par un seul ouvrier, 7 200 × 37, ou 266 400 mètres seraient la longueur du fossé creusé par 37 ouvriers. Mais les 7 200 mètres creusés étant le travail de 24 ouvriers, chacun d'eux n'en a fait que la 24e partie; il faut donc prendre le 24e de 266 400 ou diviser ce nombre par 24; ce qui donne 11 100 pour le résultat demandé.

1250. 125 hectolitres de vin ont été payés 1 875 fr., 142 hectolitres d'eau-de-vie ont été achetés 3 150 fr., combien 45 hectolitres de vin valent-ils d'hectolitres d'eau-de-vie?

Solution. 125 hectolitres de vin coûtant 1 875 fr., 1 hectolitre a été payé 1 875 : 125, ou 15 fr., et les 42 hectolitres d'eau-de-vie ayant été achetés 3 150 fr., un seul a coûté 3 150 : 42, ou 75 fr.

Maintenant, puisqu'un hectolitre de vin coûte 15 fr., il faudrait payer pour 45 hectolitres 45 × 15, ou 675 fr. Mais le prix d'un hectolitre d'eau-de-vie est 75 fr.; en divisant 675 par 75, on déterminera donc le nombre d'hectolitres d'eau-de-vie qu'on aura pour 45 hectolitres de vin. Le quotient de la division est 9. Ainsi, pour 45 hectolitres de vin on aura 9 hectolitres d'eau-de-vie.

1251. Trois individus possèdent chacun une somme d'argent : si le 1er ajoute sa somme à celle du 3e, ils possèdent ensemble 1 283 fr.; s'il l'ajoute à celle du 2e, ils ont ensemble 1 572 fr.; enfin, si le second ajoute sa somme à celle du 3e, elles formeront ensemble 1 445 fr.; quelle est la somme possédée par chacun d'eux?

Solution. Si on ajoute ensemble les trois sommes 1 283, 1 572 et 1 445, le résultat 4 300 fr. renfermera évidemment 2 fois chacune des sommes cherchées; et si on prend la moitié de cette nouvelle somme, on aura 4 300 : 2 = 2 150, qui représentera alors l'ensemble des trois sommes; si maintenant de 2 150 on ôte 1 445, on aura pour reste la somme du 1er; puis en retranchant du même nombre 2 150 successivement les nombres 1 572 et 1 283, on aura les sommes respectives du 2e et du 3e. Ces soustractions effectuées, on trouve que le 1er avait 705 fr., le 2e 578 fr. et le 3e 867 fr.

Ces nombres satisfont en effet aux diverses conditions du problème.

1252. Quatre entrepreneurs ont reçu, pour construire une maison, une somme de 224 588 fr. qu'ils doivent se partager à raison du nombre d'ouvriers employés par chacun d'eux : le 1er a employé 15 ; le 2e 18 ; le 3e 32 ; le 4e 26 ; combien revient-il à chacun des entrepreneurs ?

SOLUTION. La part qui revient à chacun dépendant du nombre des ouvriers employés par lui, on conçoit que si la somme qu'il faut donner pour chaque ouvrier était connue, on déterminerait la part du 1er entrepreneur en multipliant cette somme par 15, et celle de chacun des autres en multipliant successivement cette même somme par chacun des nombres 18, 32 et 26. Or, il est facile de trouver la somme qui revient pour chaque ouvrier : car en observant que les 224 588 fr. ont été payés à raison des 15 + 18 + 32 + 26 = 91 ouvriers employés à la construction de la maison, il est certain que la 91e partie de cette somme, ou 2 468 fr., exprime ce qu'il convient de donner pour chacun.

Ainsi, chaque entrepreneur recevra :

Le premier. . . .	2 468 fr. × 15	ou	37 020 fr.
Le deuxième.. . .	2 468 fr. × 18	ou	44 424
Le troisième.. . .	2 468 fr. × 32	ou	78 976
Le quatrième. . .	2 468 fr. × 26	ou	64 168

En effet, la somme de ces quatre nombres est 224,588 fr.

1253. Un épicier a fait un mélange de trois espèces de café, savoir : 35 kilog. à 2 fr. 85 c. le kilog., 42 kil. à 2 fr. 35 c. le kilog., et enfin 53 kilog. à 2 fr. 10 c. le kilog. ; combien doit-il vendre le kilog. du mélange ? Exprimez ce prix à 0,01 près ?

SOLUTION. Pour résoudre cette question, on devra trouver la valeur de chaque qualité de café, en faire l'addition, additionner également les nombres représentant les quantités de chaque espèce. Ayant ainsi obtenu la quantité des kilogrammes mélangés et la somme qu'il faut les vendre, en divisant cette dernière somme par la première, on trouvera le prix cherché du kilogramme du mélange ; on a :

35 kilog. de café	à 2 fr. 85 c. = 35 × 2,85 =	99 fr. 75 c.
42 id.	à 2 fr. 25 c. = 42 × 2,35 =	94 fr. 50 c.
53 id.	à 2 fr. 10 c. = 53 × 2,10 =	111 fr. 30 c.
ou 130 kilog. de café valent ensemble		305 fr. 55 c.

Un kilog. du mélange vaudra donc 305 fr. 55 c. : 130, ou 2 fr. 35 c.

Problèmes usuels. — Système métrique.

1254. SOLUTION. Il a vécu 4 438 semaines.

1255. SOLUTION. Le 1er avait 27 billes, le 2e 38, le 3e 20.

1256. SOLUTION. Le tirage a duré 1h, 2.

1257. SOLUTION. On a gagné 73 fr. 50 c., le litre a été vendu 1 fr. 65 c.

1258. SOLUTION. On vendra le kilog. 3 fr. 15 c.

1259. SOLUTION. Ces nombres sont 42 et 100.

1260. SOLUTION. On a vendu le stère de bois 16 fr. 05 c., le *cent* de bourrées 37 fr. 75 c., on a payé 8 318 fr. 75 c., et on a gagné en tout 1 427 fr. 50 c.

1261. SOLUTION. On a gagné 200 fr. 25 c. ; on a vendu le kilog. de bougie 3 fr. 25 c.

1262. SOLUTION. Il revient à chacun 2 826 fr. 91 c.

1263. SOLUTION. Il devra augmenter la valeur du terrain de 180 fr. et recevoir en retour 485 fr.

1264. SOLUTION. Les deux nombres 3867,25 et 4010,50 satisfont à la question.

1265. SOLUTION. Le mètre a coûté 16 fr. 52 c., la pièce revient à 578 fr. 33 c.

1266. SOLUTION. Ils défricheront 114A 14ca.

1267. SOLUTION. On en a acheté 675M à 17 fr. 30 c. l'un; on l'a vendu 19 fr. 65 c. le mètre, et on a gagné 1 386 25 c.

1268. SOLUTION. On devra payer ce vin 3 fr. 20 c. la bouteille, y compris 0 fr. 15 c. pour le verre.

1269. SOLUTION. Elle est comptée à 4 fr. 45 c.

1270. SOLUTION. Il doit les vendre 1 fr. 75 c.

1271. SOLUTION. Il a été vendu 1 fr. 65 c. le kilog.

1272. SOLUTION. Il aura à dépenser 5 fr. 64 c.

1273. SOLUTION. Chaque partageant recevra 3100 fr.

1274. SOLUTION. La 3e qualité lui a coûté 564 fr. 20 c., ou 3 fr. 10 c. le kilog.

1275. SOLUTION. Le convoi à son arrivée contient 184 voyageurs; on en a déposé 41 à la 1re station, 56 à la 2e; à la 3e, on en a déposé et repris 23.

1276. SOLUT. On a payé par personne 12 fr. 60 c.; on aurait payé 142 fr. 50 c. et économisé 46 fr. 50 c.

1277. SOLUTION. On a reçu pour les ballots 187 fr. 25 c.; le prix de transport pour un colis est de 6 fr. 55 c., dont l'excédant sur celui d'un ballot est 1 fr. 20 c.

1278. SOLUTION. On a payé par personne dans les 1res classes 35 fr. 60 c.; dans les 2es 26 fr. 85 c.; dans les 3es 19 fr. 95 c.; dans les 3es on aurait payé en tout 119 fr. 70 c., ou 93 fr. 90 c. de moins que dans les 1res, et 41 fr. 40 c. de moins que dans les 2es.

1279. SOLUTION. On a tiré 1 500 exemplaires; la feuille de composition revient à 19 fr. 75 c., le tirage à 2 448 fr.; l'ouvrage en feuilles à 11 135 fr., l'exemplaire à 7 fr. 424.

1280. SOLUTION. La bouteille coûte 3 fr. 75 c.

1281. SOLUTION. Il a vendu 985 chapeaux pour 14 146 fr. 50 c.; il a vendu les 1ers 14 fr. pièce.

1282. SOLUTION. Il a vendu au 1er marché pour 15 828 fr. 75 c.; au 2e 265 hectol.; au 3e l'hectol. 17 fr. 15 c.; en tout pour 29 719 fr. 50 c. 1 765 hectol.

1283. SOLUTION. Le 1er remettra au 3e 2 380 fr.; le 2e lui donnera 620 fr.

1284. SOLUTION. Le 1er a perdu 165 fr., le 2e 55 fr., le 3e 165 fr.

1285. SOLUTION. Le 1er a 24 oranges, le 2e en a 8; après le partage, ils en ont chacun 16.

1286. SOLUTION. Ils étaient 15; chacun a eu 20 œufs.

1287. SOLUTION. La quête a produit 353 fr. 25 c., qui ont été partagés entre 45 familles.

1288. SOLUTION. Le 1er a donné 253 fr., le 2e 316 fr. 25 c.; il reste à payer 695 fr. 75 c.; le 1er redoit 379 fr. 50 c., le 2e 316 fr. 25 c.

1289. SOLUTION. La 1re classe compte 42 élèves, l'instituteur a gagné 415 fr. 25 c. (1).

1290. SOLUTION. La 1re a donné 133 fr., la 2e 97 fr., la 3e 110 fr.

1291. SOLUTION. Ils étaient 28 partageants.

1292. SOLUTION. Il devait fournir 115 habillements; il a touché 6 583 fr. 75 c.; on a retenu 661 fr. 25 c.

1293. SOLUTION. La soie a coûté 3 fr. 25 c. le mètre; l'indienne a été payée 21 fr. 25 c.; on a pris 7 mètres de mérinos. La facture est de 110 fr. 95 c.

1294. SOLUTION. Il demandait 12 fr. du mètre, il a reçu 159 fr. 75 c.; on a diminué 53 fr. 25 c.

1295. SOLUTION. Il demandait 343 fr. 20 c.; le mètre a été évalué à 3 fr. 15 c. ; on a diminué 66 fr.

1296. SOLUTION. Il gagnait 3 fr. 75 c. par jour; sa femme a gagné 411 fr. 25 c.; leur dépense par jour était de 2 fr. 90 c. ; ils ont économisé 459 fr.

1297. SOLUTION. L'are de terre est estimé à 45 fr. ; l'estimation des bois monte à 658 950 fr. ; la différence cherchée est de 97 980 fr.

1298. SOLUTION. Il a vendu 1 fr. 85 c. le kilog.

1299. SOLUTION. La bouteille a coûté 4 fr. 25 c.

1300. SOLUTION. Il l'a vendue 3 fr. 80 c. le kilog.

1301. SOLUTION. Cette toile revient à 3 fr. 35 c. le mètre; chaque pièce coûte 140 fr. 70 c.

1302. SOLUTION. Il recevait 1 fr. 75 c.

1303. SOLUTION. Le 1er retirera 595 fr., le 2e 827 fr., et le 3e 334 fr.

1304. SOLUTION. Il le vendra 0 fr. 45 c. (2).

---

(1) Dans l'énoncé, au lieu de 134 fr. 50 c., lisez 136 fr. 50 c.

(2) Dans l'énoncé, au lieu de 145 litres, lisez 144 litres.

1305. SOLUTION. Il devra vendre le kilog. 1 fr. 25 c.

1306. SOLUTION. Cette propriété a été achetée 52 000 fr., et revendue 69 550 fr. Le 1er a gagné 5 936 fr. 54 c.; le 2e 5 132 fr. 21 c.; le 3e 6 481 fr. 25 c.

1307. SOLUTION. Le panier contient 18 bouteilles à 3 fr. 25 c.; en tout 51 bouteilles.

1308. SOLUTION. Le 1er a marché pendant 17 jours; le 2e parcourait 163KM,2 par jour.

1309. SOLUTION. Les 47 ares ont rapporté 1 216 172 épis ou 38 917 504 grains; l'épi contenait 32 grains.

1310. SOLUTION. Ce marchand a payé ses raisins 562 fr. 50 c.; il les a vendus 0 fr. 80 c. le kilog. et a fait un bénéfice net de 271 fr. 75 c.

1311. SOLUTION. Chaque banc contient 17 enfants; la rétribution mensuelle s'élève à 365 fr. 50 c.

1312. SOLUTION. Cette toue contenait 2 430 hectolitres. On a payé la voie 33 fr., l'hectolitre 2 fr. 20 c.

1313. SOLUTION. Cette bibliothèque renferme 28 705 volumes; un rayon de la 1re chambre en contient 225.

1314. SOLUT. L'année *bissextile* contient 366 jours.

1315. SOLUTION. Chaque volume vaut 3 fr. 25 c.

1316. SOLUTION. Il consomme dans l'année pour 5 120 fr. 95 c. de bois; il lui en restera 55s 25.

1317. SOLUTION. Il versait chaque fois 3 fr. 25 c.

Mesures étrangères.

1318. SOLUTION. Elles valent 656 *dollars* 826.

1319. SOLUTION. Un *franc* vaut 0,862 *schillings;* ce voyageur possédait 691 fr. 70 c.

1320. SOLUTION. Le *mètre* revient à 75 fr. 63 c.

1321. SOLUTION. On les a payés 918 fr.

1322. SOLUTION. Le *litre* revient à 0 fr. 641. On a payé le tout 155 fr. 25 c.

1323. SOLUTION. Il a gagné 2 598 fr. 55 c.; le *mètre* lui revenait à 45 fr. 73 c.

1324. SOLUTION. La bouteille coûtait 4 fr. Il y avait 32^{M} 40^{cm} de mousseline; la 1re facture excédait l'autre de 72 fr. 48 c.

1325. SOLUTION. On avait payé le thé 20 fr. 303 le kilog.; on a gagné 72 312 fr. 82 c.

1326. SOLUTION. Ils ont été vendus 300 fr. chaque; on a gagné 25 507 fr. 25 c.

1327. SOLUTION. Le *mètre* de drap revenait à 3,228 *thalers*; on a gagné 4 748 fr. 75 c.

1328. SOLUTION. On l'a vendu 5 fr. 70 c. la bouteille.

Applications géométriques.

1329. SOLUTION. La hauteur cherchée est 0^{M} 746^{mm}; ce volume d'air est de $0^{met\ cub}$ 994 330 696.

1330. SOLUTION. Ce volume est de $7^{met\ cub}$ 717 500.

1331. SOLUTION. Ce volume est de $58^{met\ cub}$, 257 306 800.

1332. SOLUTION. On en emploiera 13 rouleaux.

1333. SOLUTION. Elle contient 57 *pièces* dans sa largeur; elle a 1^{M} 539^{mm} de large et 2^{M} 025^{mm} de long. La partie de la surface non recouverte par les *pièces* est de $1^{met\ car}$, 1 687 955 350.

1334. SOLUTION. Le stère est revenu à 23 fr. 76 c.

1335. SOLUTION. La hauteur de la pile est de 3^{M}; elle coûtera 531 fr.

1336. SOLUTION. La superficie de la base d'une de ces parties est de $0^{met\ car}$ 100 426. Elles reviennent à 429 fr. 895.

1337. SOLUTION. On en emploiera 300.

1338. SOLUTION. Il faudra 153,5 ardoises; cette couverture coûtera 53 fr. 725.

1339. SOLUTION. Cette hauteur est 0^{M} 778^{mm}.

1340. SOLUTION. Elle en contiendra 1 187 (1 187,5).

DIVISIBILITÉ DES NOMBRES.

IX. Exercices

SUR LA DIVISIBILITÉ DES NOMBRES.

1341. RÉPONSE. Il est divisible par 2 parce qu'il est pair, et par 6 parce que, étant pair, la somme de ses chiffres significatifs est un multiple de 3.

1342. RÉPONSE. En vérifiant si la somme des chiffres significatifs est un multiple de 3.

1343. RÉPONSE. Ce nombre est divisible par 3, parce que la somme de ses chiffres significatifs est un multiple de 3 ; il l'est par 2 parce qu'il est pair, et par 5 parce qu'il est terminé par un *zéro*.

1344. RÉPONSE. Parce que la somme des chiffres significatifs est 9 et qu'il est terminé par un 5.

1345. RÉPONSE. Parce que la partie 28 qui le termine est un multiple de 4.

1346. RÉPONSE. Ce sont les nombres 472 et 1 536.

1347. RÉPONSE. Ce sont les nombres 342 et 576.

1348. RÉPONSE. En ce que la différence entre la somme des chiffres de rang pair et celle des chiffres de rang impair dans chacun de ces nombres est *zéro*.

1349. RÉPONSE. Ce sont les nombres 457 391 et 223 355.

1350. RÉPONSE. A ce qu'il est pair, terminé par *zéro*, et que la somme de ses chiffres significatifs est 9.

1351. RÉPONSE. Ce sont les nombres 9 et 3.

1352. RÉPONSE. Ce sont les nombres 2^2, 3 et 13.

1353. RÉPONSE. Ces diviseurs sont 2^1, 3, 5 et 7.

1354. RÉPONSE. Ces facteurs sont 2, 3, 5, 7, 11, 13.

1355. RÉPONSE. Ces diviseurs sont 2^5, 5 et 1 173.

1356. RÉPONSE. Oui, car la somme des chiffres significatifs dans l'un et dans l'autre est un multiple de 3.

1357. RÉPONSE. Ces diviseurs sont 3, 5 et 15.

X. Exercices

SUR LA RECHERCHE DU PLUS GRAND COMMUN DIVISEUR.

1358. RÉPONSE. C'est le nombre 54.

1359. RÉPONSE. Ce plus grand commun diviseur est 8.

1360. RÉPONSE. C'est le nombre 24.

1361. RÉPONSE. C'est le nombre 84.

1362. RÉPONSE. Ils n'ont pas de commun diviseur.

1363. RÉPONSE. Il n'y en a pas.

1364. RÉPONSE. C'est le nombre 6.

1365. RÉPONSE. Les 2 premiers n'en ont pas; celui des deux suivants est 9.

1366. RÉPONSE. Ce plus grand commun diviseur est 2.

FRACTIONS ORDINAIRES.

XI. Exercices

SUR LES FRACTIONS ORDINAIRES ET SUR LES EXPRESSIONS FRACTIONNAIRES.

Manière d'écrire et d'énoncer les fractions.

1367. RÉPONSE. Quatre *sixièmes ;* trois *cinquièmes;* sept *huitièmes;* quatre *treizièmes.*

1368. RÉPONSE. Dix-sept *vingt-septièmes;* quinze *vingt-septièmes ;* vingt-sept *trente-quatrièmes ;* quarante-trois *soixante-septièmes ;* soixante-dix-neuf *quatre-vingt-quinzièmes ;* quatre-vingt-trois *cent dix-septièmes;* cent neuf *deux cent quarante-troisièmes;* cent neuf *trois cent quarante-cinquièmes;* cent cinquante-quatre *trois cent cinquante-huitièmes.*

1369. RÉPONSE. Deux cent trente-quatre *trois cent soixante-dix-huitièmes ;* cent cinquante-deux *cent trente-septièmes;* quarante-cinq *sept cent quatre-vingt-troisièmes;* trois cent soixante-neuf *trois mille cinq cent soixante-douzièmes;* deux cent cinquante-six *sept cent quarante-deuxièmes;* six mille cent soixante-dix-huit *quatre mille sept cent cinquante-deuxièmes;* treize mille cinquante-neuf *douze mille quatre cent trente-septièmes.*

1370. RÉPONSE. Un *demi ;* deux *tiers;* trois *quarts.*

1371. RÉPONSE. Quatre mille trois cent cinquante-sept *unités*, huit *quarts ;* cinq cent trente-quatre unités, vingt-deux *septièmes;* six cent quarante-deux *unités*, trois cent quarante-cinq *cinq cent quatre-vingt-dix-septièmes;* trois mille quatre cent cinquante-six *cinq cent soixante-septièmes ;* quatre-vingt-cinq mille sept cent quatre-vingt-quinze *quarante-sept mille huit cent quarante-troisièmes.*

1372. RÉPONSE. $\frac{2}{3}$, $\frac{3}{4}$, $\frac{7}{8}$. $\frac{47}{24}$, $\frac{78}{44}$, $\frac{99}{117}$, $\frac{146}{378}$.

1373. RÉPONSE. $\frac{45}{182}$, $\frac{37}{272}$, $\frac{147}{367}$, $\frac{653}{969}$, $\frac{947}{1\,557}$, $\frac{1\,922}{364}$.

1374. RÉPONSE. $\frac{2\,042}{3\,638}$, $\frac{1\,734}{5\,827}$, $\frac{4\,023}{6\,005}$, $\frac{9\,485}{18\,379}$.

1375. RÉPONSE. $\frac{387\,225}{653\,734}$, $\frac{907\,023}{1\,240\,207}$, $\frac{1\,603\,000}{47\,026\,032}$.

1376. RÉPONSE. $350 + \frac{23}{86}$, $1\,557 + \frac{94}{47}$, $1\,938 + \frac{1\,234}{2\,132}$, $3\,007 + \frac{103}{205}$.

1377. RÉPONSE. L'expression demandée est $\frac{5}{6}$.

1378. RÉPONSE. L'expression demandée est $\frac{17}{37}$.

1379. RÉPONSE. Ce quotient est $45 + \frac{7}{222}$.

1380. RÉPONSE. L'expression cherchée est $\frac{39}{48}$.

1381. RÉPONSE. C'est $\frac{3}{7}$.

1382. RÉPONSE. Ces nombres sont $\frac{2}{5}$, $\frac{7}{9}$, $\frac{11}{15}$.

1383. RÉPONSE. L'expression cherchée est $\frac{335}{582}$.

1384. RÉPONSE. Ce sont $\frac{27}{32}$, $\frac{63}{104}$, $\frac{264}{399}$.

1385. RÉPONSE. Ce sont $\frac{195}{243}$, $\frac{239}{378}$.

1386. RÉPONSE. C'est $\frac{22}{25}$.

1387. RÉPONSE. C'est $\frac{869}{1\,298}$.

1388. RÉPONSE. Ce sont $\frac{1\,182}{1\,533}$, $\frac{1\,756}{2\,603}$, $\frac{3\,785}{6\,998}$.

1389. RÉPONSE. Ce quotient est $137 + \frac{184}{5\,452}$.

1390. RÉPONSE. C'est $\frac{12\,369}{18\,664}$.

1391. RÉPONSE. Cette partie est $\frac{86}{357}$.

1392. RÉPONSE. C'est $\frac{1\,435\,764}{1\,685\,853}$.

1393. RÉPONSE. Ce sont $\frac{48\,342}{72\,655}$, $\frac{137\,978}{143\,617}$, $\frac{1\,748\,579}{1\,875\,995}$.

1394. RÉPONSE. C'est $\frac{1\,579\,678}{23\,634\,746}$.

1395. RÉPONSE. Ces expressions sont $\frac{125\,764}{137\,852}$, $\frac{3\,267\,895}{3\,678\,975}$.

Transformation des fractions et des nombres fractionnaires.

1396. RÉPONSE. Elle deviendra *trois* fois plus grande.

1397. RÉPONSE. Elle deviendra *six* fois plus petite.

1398. RÉPONSE. Elle ne changera pas.

1399. Réponse. Elle deviendra *deux* fois plus petite.

1400. Réponse. On la rendra *cinq* fois plus grande.

1401. Réponse. Elle ne variera pas.

1402. Réponse. La transformée est $\frac{40}{7}$.

1403. Réponse. On a pour résultat $\frac{1}{8}$ ou $\frac{7}{56}$.

1404. Réponse. On a pour résultat $\frac{5\,355}{5\,642}$.

1405. Réponse. On a pour résultats $\frac{2}{33}$ et $\frac{27}{224}$.

1406. Réponse. Cette expression est $\frac{28}{248}$ ou $\frac{7}{62}$.

1407. Réponse. C'est l'expression $\frac{324}{24}$ ou $\frac{54}{4}$ ou $\frac{27}{2}$.

1408. Réponse. C'est l'expression $\frac{770}{7}$.

1409. Réponse. Il y en aurait 8 314.

1410. Réponse. Cette expression est $\frac{175}{7}$.

1411. Réponse. Il y en a 165.

1412. Réponse. Elle en contient 59.

1413. Réponse. La transformée sera $7+\frac{3}{4}$ qui contient $\frac{31}{4}$.

1414. Réponse. Elle ne changera de valeur dans aucun cas et deviendra dans le 1er $\frac{3}{4}$ et dans le 2[e] $\frac{144}{192}$.

1415. Réponse. Dans le 1er cas, la transformée $\frac{4}{47}$ sera *huit* fois plus petite; dans le 2e, elle sera $\frac{256}{47}$ et *huit* fois plus grande.

1416. Réponse. La transformée $\frac{48}{616}$ deviendra plus petite et sera les $\frac{2}{3}$ de la proposée $\frac{12}{66}$.

1417. Réponse. Ce nombre devient alors $\frac{278}{7}$.

1418. Réponse. L'expression demandée est $\frac{142}{6}$.

1419. Réponse. Il y en a 553.

1420. Réponse. Il y en a 11 032.

1421. Réponse. Les expressions cherchées sont $\frac{6}{7}$ et $\frac{6}{8}$, dont la plus grande est $\frac{6}{8}$.

1422. Réponse. Dans le 1er cas, la transformée $\frac{9}{15}$ est plus grande; dans le 2e, la transformée $\frac{5}{11}$ est plus petite.

1423. Réponse. Dans le 1er cas, la transformée $\frac{11}{9}$

est plus petite; dans le 2e, la transformée $\frac{9}{4}$ est plus grande.

1424. Réponse. Elle ne changera pas.

1425. Réponse. On a pour résultat $3\frac{2}{7}$; $9\frac{2}{5}$; $69\frac{4}{5}$.

1426. Réponse. Ces expressions renferment, la 1re, 8; la 2e, 4; la 3e, 4 entiers.

1427. Réponse. $\frac{2\,510}{7}$, $\frac{81\,884}{48}$, $\frac{678\,774}{845}$, $\frac{990\,790}{322}$.

1428. Réponse. Il y en a 12.

1429. Réponse. C'est le nombre $10+\frac{14}{24}$.

1430. Réponse. Il y a 10 fr. $+\frac{5}{23}$.

1431. Réponse. Il y a 3 kilog. $+\frac{177}{356}$ de kilog.

1432. Réponse. C'est le nombre $14+\frac{9}{24}$.

1433. Réponse. On a pour résultat la fraction $\frac{1}{8}$.

1434. Réponse. Cette plus simple expression est $\frac{1}{5}$.

1435. Réponse. On a pour résultat $\frac{7}{9}$.

1436. Réponse. Cette expression est $\frac{1\,789}{2\,197}$.

1437. Réponse. $\frac{220}{27}$, $\frac{1\,581}{44}$, $\frac{149}{84}$.

1438. Réponse. $\frac{357}{1\,000}$, $\frac{24}{100}$, $\frac{4}{10}$, $\frac{65}{1\,000}$, $\frac{12}{10\,000}$.

1439. Réponse. $\frac{3\,072}{1\,000}$, $\frac{5\,748}{100}$, $\frac{64\,505}{100}$.

1440. Réponse. $\frac{45\,789}{10\,000}$, $\frac{3\,456}{10\,000}$, $\frac{324\,735}{10\,000}$.

1441. Réponse. 0,82448, 0,65932, 31,79562.

1442. Réponse. 7,13207, 6,92771, 54,68613.

1443. Réponse. Ces fractions deviennent $\frac{1\,008}{1\,344}$, $\frac{1\,120}{1\,344}$, $\frac{1\,176}{1\,344}$, $\frac{960}{1\,344}$.

1444. Réponse. Elles deviennent $\frac{95\,760}{919\,096}$, $\frac{443\,232}{919\,096}$, $\frac{653\,184}{919\,096}$, $\frac{1\,544\,216}{919\,096}$.

1445. Réponse. On obtient $\frac{420}{588}$, $\frac{420}{1\,764}$, $\frac{420}{1\,155}$, $\frac{420}{480}$.

1446. Réponse. $\frac{69\,615}{77\,727}$, $\frac{68\,226}{77\,727}$, $\frac{106\,743}{77\,727}$, $\frac{61\,783}{77\,727}$.

1447. Réponse. Ce dénominateur est 60.

1448. Réponse. On trouve $0,3\,737=\frac{37}{99}$.

1449. Réponse. On obtient $0,45\,327\,327=\frac{45\,282}{99\,900}=\frac{7\,547}{16\,650}$.

1450. Réponse. On a $0,345\,345=\frac{345}{999}=\frac{115}{333}$.

1451. Réponse. $0,35\,702\,702=\frac{35\,702}{99\,900}=\frac{17\,851}{49\,950}$.

1452. Réponse. On obtient pour résultat $\frac{1\,152}{3\,333}$ (1).

1453. Réponse. C'est la fraction $\frac{1\,184}{49\,950}$.

1454. Réponse. Cette fraction devient $\cfrac{1}{5+\cfrac{1}{1+\cfrac{1}{6+\cfrac{1}{6}}}}$

1455. Réponse. C'est la fraction $\frac{60\,769}{190\,769}$.

1456. Réponse. On obtient pour résultat $\cfrac{1}{1+\cfrac{1}{1+\cfrac{1}{15+\cfrac{1}{2}}}}$

1457. Réponse. C'est la fraction $\frac{81\,780}{102\,708}$.

1458. Réponse. On obtient successivement :

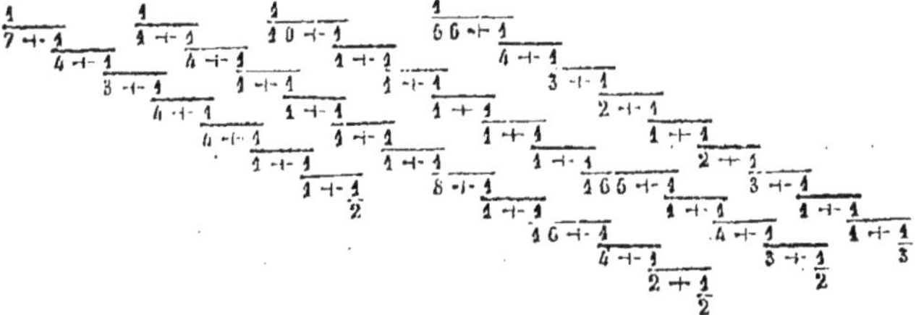

1459. Réponse. C'est la fraction $\frac{1\,341}{2\,938}$.

(1) Dans l'énoncé, au lieu de 3856, lisez 3456.

CALCUL DES FRACTIONS

ET DES NOMBRES FRACTIONNAIRES.

XII. Exercices

SUR L'ADDITION, LA SOUSTRACTION, LA MULTIPLICATION ET LA DIVISION DES FRACTIONS ET DES NOMBRES FRACTIONNAIRES.

Addition.

1460. RÉPONSE. On a pour résultat $\frac{71}{24}$.
1461. RÉPONSE. On a pour résultat $\frac{96\,199}{23\,940}$.
1462. RÉPONSE. On a pour résultat $\frac{405\,057}{211\,896}$.
1463. RÉPONSE. Cette somme est $338 + \frac{49}{66}$.
1464. RÉPONSE. On a pour résultat $71 + \frac{45\,099}{87\,048}$.
1465. RÉPONSE. On a pour résultat $\frac{9\,668\,944}{2\,400\,840}$.
1466. RÉPONSE. On a pour résultat $26 + \frac{673}{1\,938}$.
1467. RÉPONSE. On a pour résultat $1\,148 + \frac{2}{3}$.
1468. RÉPONSE. Cette somme est $1\,885 + \frac{11}{1\,050}$.
1469. RÉPONSE. Cette somme est $\frac{251}{64} = 2 + \frac{28}{64}$.

Soustraction.

1470. RÉPONSE. La différence est $\frac{15}{24}$.
1471. RÉPONSE. Cet excès est $\frac{6\,159}{51\,415}$.
1472. RÉPONSE. C'est la 2me; leur différence est $\frac{17\,896}{82\,251}$.
1473. RÉPONSE. Cette différence est $434 + \frac{87}{42}$.
1474. RÉPONSE. On a pour résultats $\frac{1\,067\,617}{4\,642\,554}$ et $\frac{460\,305}{6\,072\,949}$.
1475. RÉPONSE. On obtient $8 + \frac{11}{63}$.
1476. RÉPONSE. Cette différence est $66 + \frac{1\,180}{1\,269}$.
1477. RÉPONSE. Ce reste est $14 + \frac{658\,379}{1\,405\,686}$.

1478. RÉPONSE. C'est la deuxième; elle surpasse la première de $\frac{1\,997\,061}{7\,280\,265}$.

1479. RÉPONSE. On obtient pour résultats $309 + \frac{88}{208}$, $2\,376 + \frac{2}{7}$, $274 + \frac{826}{1\,833}$.

Multiplication.

1480. RÉPONSE. On a pour produits $\frac{595}{456}$, $\frac{8}{17}$, $\frac{126}{441}$.

1481. RÉPONSE. Ces produits sont $268 + \frac{1}{3}$, $142 + \frac{16}{27}$, $840 + \frac{5}{568}$.

1482. RÉPONSE. Ces produits sont 410, $308 + \frac{71}{73}$, $1027 + \frac{219}{367}$.

1483. RÉPONSE. On a pour résultats $157 + \frac{27}{40}$, $429 + \frac{1\,181}{1\,792}$.

1484. RÉPONSE. Ces produits sont $328 + \frac{47}{64}$, $453 + \frac{1\,716}{5\,198}$, $51 + \frac{27}{38}$.

1485. RÉPONSE. Ces produits sont $197\,317 + \frac{5}{7}$, $451\,711$, $218\,689 + \frac{6}{31}$, $88\,535 + \frac{1}{2}$.

1486. RÉPONSE. On a pour résultats $37 + \frac{177}{594}$, $44 + \frac{2}{17}$, $2\,816 + \frac{5\,786}{6\,755}$, $101\,217 + \frac{697}{840}$.

1487. RÉPONSE. On a pour résultats $8\,388 + \frac{2}{7}$, $2\,870 + \frac{410}{661}$, $5\,712 + \frac{7}{9}$.

1488. RÉPONSE. On a pour résultats $\frac{480}{1\,729}$, $130\,078 + \frac{8\,008}{31\,584}$.

1489. RÉPONSE. $\frac{2\,825}{1\,444}$, $\frac{2\,025}{2\,401}$, $\frac{2\,916}{4\,225}$, $\frac{112\,225}{121\,801}$.

1490. RÉPONSE. $2\,851 + \frac{14}{25}$, $4\,556 + \frac{1}{4}$, $2\,476 + \frac{36}{625}$.

1491. RÉPONSE. Les cubes de ces fractions sont $\frac{1\,331}{1\,728}$, $\frac{42\,875}{103\,823}$, $\frac{12\,167}{60\,653}$, $\frac{3\,623\,875}{5\,929\,741}$.

1492. RÉPONSE. On a pour résultats $76\,946\,391 + \frac{19}{27}$, $42\,053\,429 + \frac{15}{64}$, $14\,766\,231 + \frac{19}{27}$.

1493. RÉPONSE. On obtient successivement $\frac{81}{256}$, $\frac{32}{243}$, $45 + \frac{8\,060}{16\,807}$, $3\,010 + \frac{14\,631}{15\,625}$, $3\,814 + \frac{357}{712}$.

Division.

1494. RÉPONSE. On a pour quotients $\frac{3}{28}$, $\frac{35}{798}$, $\frac{22}{672}$, $\frac{48}{469}$.

1495. RÉPONSE. On a pour quotients $\frac{28}{26}$, $\frac{112}{176}$, $\frac{6\,078}{6\,896}$.

1496. RÉPONSE. On obtient $394+\frac{2}{7}$, $327+\frac{5}{19}$, 260.

1497. RÉPONSE. Ces quotients sont $365+\frac{71}{77}$, $672+\frac{9}{10}$.

1498. RÉPONSE. On a pour résultats $604+\frac{37}{48}$, $703+\frac{3}{7}$.

1499. RÉPONSE. On a pour résultats $12+\frac{407}{412}$, $5+\frac{129}{5\,050}$.

1500. RÉPONSE. On a pour résultats $6+\frac{69}{185}$, $\frac{167}{646}$.

1501. RÉPONSE. C'est le nombre $3+\frac{86}{301}$.

1502. RÉPONSE. C'est le nombre $2+\frac{17}{282}$.

1503. RÉPONSE. Elle y est contenue $1+\frac{14\,377}{23\,418}$ fois.

1504. RÉPONSE. Cette expression est $1+\frac{5}{16}$.

1505. RÉPONSE. Il le contient $1+\frac{1}{11}$ fois.

1506. RÉPONSE. Ce quotient est $21+\frac{33}{37}$.

1507. RÉPONSE. Elle y est contenue $6+\frac{2\,117}{2\,260}$ fois.

1508. RÉPONSE. Cette expression est $\frac{26}{89}$.

1509. RÉPONSE. C'est l'expression $1+\frac{7}{15}$.

1510. RÉPONSE. Par $\frac{11}{10}$.

1511. RÉPONSE. L'autre fraction est $\frac{25}{2}$.

1512. RÉPONSE. Ce quotient est $\frac{15}{16}$.

PROBLÈMES

SUR LE CALCUL DES FRACTIONS ET DES NOMBRES FRACTIONNAIRES.

Addition.

1513. Un tailleur a employé pour faire un habillement $\frac{2}{3}$, $\frac{3}{4}$, $\frac{5}{6}$ et $\frac{3}{8}$ de mètres de drap; combien a-t-il employé de mètres?

SOLUTION. En ajoutant les diverses fractions de mètres de drap employées, on obtiendra évidemment la réponse demandée; mais comme ces diverses fractions n'expriment pas des parties de même espèce, on est conduit d'abord à les réduire au même dénominateur et à faire ensuite la somme des numérateurs des nouvelles fractions; cette somme est représentée par l'expression fractionnaire $\frac{63}{24}$ qui, mise sous la forme d'un nombre fractionnaire, devient $2+\frac{15}{24}$, expression qui, simplifiée, devient $2+\frac{5}{8}$. Ce tailleur a donc employé 2 mètres $\frac{5}{8}$ de drap.

1514. Un ouvrier a travaillé trois jours dans une semaine; le 1er jour, il a fait 9 heures $+\frac{3}{4}$ de travail; le 2e jour, il a fait 10 heures $+\frac{5}{6}$; le 3e jour, il a fait 12 heures $+\frac{2}{3}$; combien a-t-il fait d'heures de travail dans la semaine?

SOLUTION. Additionnant les expressions $9+\frac{3}{4}$ avec $10+\frac{5}{6}$ et $12+\frac{2}{3}$, on trouve pour résultat l'expression $31+\frac{27}{12}$ qui devient, en simplifiant l'expression $\frac{27}{12}$ et en extrayant les entiers, $33+\frac{1}{4}$. Cet ouvrier a donc travaillé dans sa semaine pendant 33 h. $+\frac{1}{4}$.

1515. SOLUTION. On en a vendu $430+\frac{1}{24}$.

1516. SOLUTION. Il pèse $3^{KG}+\frac{11}{216}$.

1517. SOLUTION. Il a fourni en tout $4^{KG}+\frac{19}{60}$.

1518. SOLUTION. Elles donnent ensemble $50^{DL}+\frac{5}{48}$.

1519. SOLUTION. Il a reçu les $\frac{575}{616}$ de sa créance.

1520. SOLUTION. Il demande $4^{M}+\frac{197}{250}$.

1521. SOLUTION. Il en a employé $11+\frac{79}{105}$.

1522. SOLUTION. Ils ont en tout 2 fr. $+\frac{17}{40}$.

1523. SOLUTION. Elle en contenait $32+\frac{3}{8}$.

1524. SOLUTION. Il est de $9^{KG}+\frac{61}{168}$.

Soustraction.

1525. On a donné $\frac{3}{4}$ d'heure à un écolier pour étudier sa leçon; il n'a mis que $\frac{3}{7}$ d'heure à l'apprendre; combien lui avait-on donné de temps de trop?

SOLUTION. Il est évident que le temps en trop accordé à l'écolier sera représenté par la différence existant entre le temps accordé et celui qu'il a employé; ce qui revient à soustraire $\frac{3}{7}$ de $\frac{3}{4}$ ou $\frac{12}{28}$ de $\frac{21}{28}$; cette soustraction effectuée donne pour reste $\frac{9}{28}$, fraction qui ne peut être réduite à une expression plus simple. On avait donc accordé à l'écolier $\frac{9}{28}$ d'heure de plus qu'il ne lui en fallait.

1526. Un coupon d'étoffe avait 7 mètres $\frac{7}{8}$ de longueur, on en a vendu trois mètres $\frac{5}{6}$; combien en reste-t-il?

SOLUTION. La quantité d'étoffe qui reste devant être représentée par la différence entre la quantité vendue et celle qui existait en magasin, on est conduit pour la déterminer à soustraire l'expression $(3+\frac{5}{6})$ de $(7+\frac{7}{8})$; or $(7+\frac{7}{8})-(3+\frac{5}{6})=(7+\frac{21}{24})-(3+\frac{20}{24})=4+\frac{1}{24}$. Il reste donc 4 mètres $\frac{1}{24}$ d'étoffe.

1527. SOLUTION. Il est de $\frac{53}{86}$ de kilog.

1528. SOLUTION. Il en reste $24^{M}+\frac{38}{40}$.

1529. SOLUTION. Il lui reste à apprendre $\frac{8}{21}$ de page.

1530. SOLUTION. Il a perdu 3 heures $+\frac{3}{4}$.

1531. SOLUTION. Il est descendu à 15 fr. 30 c.

1532. SOLUTION. Il a monté de $\frac{37}{56}$.

1533. SOLUTION. Elle a fourni $\frac{768}{85}$ d'hectolitre.

1534. SOLUTION. C'est le 2e.

1535. SOLUTION. Elle est de $\frac{17}{30}$ de mètre.

1536. SOLUTION. Il en a donné les $\frac{7}{24}$.

1537. SOLUTION. Il lui reste à faire $5^{M}+\frac{38}{40}$.

1538. SOLUTION. Il est de $11^{KG}+\frac{47}{60}$.

Multiplication.

1539. Un ouvrier, gagnant 3 fr. 75 c. par jour, a travaillé pendant 25 jours sans recevoir de salaire, toutefois il n'a fait en moyenne que $\frac{3}{4}$ de journée chaque jour; combien doit-il recevoir?

SOLUTION. Pour déterminer la somme due à cet ouvrier, il faut d'abord connaître le nombre des journées qu'il a faites. Puisque pendant 25 jours il a fait $\frac{3}{4}$ de journée par jour, il a fait $\frac{3}{4} \times 25$ journées ou $\frac{75}{4}$, ou enfin 18 jours $\frac{3}{4}$; or pendant 18 journées $\frac{3}{4}$ à raison de 3 fr. 50 c. par journée, il a dû gagner 3 fr. 50 c. répété $18 + \frac{3}{4}$ fois ou $3{,}50 \times \frac{75}{4}$ ou $\frac{3{,}5 \times 75}{4}$ ou $\frac{262{,}50}{4}$ ou enfin 65 fr. 625.

1540. Une machine peut filer dans une heure 1 kilogramme $\frac{3}{7}$ de coton; combien en filera-t-elle dans l'espace de 15 heures $\frac{1}{2}$?

SOLUTION. Cette machine filera autant de coton que l'indiquera le produit de la multiplication de $1 + \frac{3}{7}$ par $15 + \frac{1}{2}$ ou de $\frac{10}{7}$ par $\frac{31}{2}$; ce produit est $\frac{310}{14}$ ou $22 + \frac{2}{14}$, ou enfin $22 + \frac{1}{7}$. Elle filera donc dans le temps indiqué $22 + \frac{1}{7}$ kilog. de coton.

1541. Un ouvrier travaille pendant les douze mois de l'année 25 jours par mois et gagne par journée de travail 5 fr. 50 c.; mais au lieu de faire les journées entières, il n'en fait en moyenne que $\frac{3}{4}$ par jour; il dépense les $\frac{7}{8}$ de ce qu'il gagne pour son entretien et ses menues dépenses; combien gagne-t-il, combien dépense-t-il par an?

SOLUTION. 25 jours de travail par mois font en 12 mois 12 fois 25 ou 300 jours de travail; si l'ouvrier avait fait des journées complètes, il suffirait, pour savoir ce qu'il a gagné, de multiplier 300 par 5,50, mais comme il n'a fait que $\frac{3}{4}$ de journée chaque jour de travail, il n'a donc fait que 300 fois $\frac{3}{4}$ de jour ou $\frac{900}{4}$ de journées ou 225 journées, il a donc gagné 225 fois 5,50 ou 1 237 fr. 50 c. Ce résultat obtenu, pour savoir la somme dépensée par an, il suffit de la multiplier par $\frac{7}{8}$, et on obtient pour produit 1 082,81. Donc cet ouvrier gagne par an 1 237 fr. 50 c. et dépense 1 082 fr. 81 c.

1542. SOLUTION. Il en a fait $\frac{1}{2}$.
1543. SOLUTION. On lui doit 140 fr.
1544. SOLUTION. Il en parcourra $4+\frac{17}{32}$.
1545. SOLUTION. On a pour résultat $\frac{6}{14}$.
1546. SOLUTION. C'est 17 fr. 50 c.
1547. SOLUTION. Elle en fournira les $\frac{5}{7}$ ou $6^{L}+\frac{1}{4}$.
1548. SOLUTION. Il recevra 927 fr. $+\frac{3}{11}$.
1549. SOLUTION. Il a reçu 6 fr.
1550. SOLUTION. Elle en consommera $1177+\frac{2}{9}$.
1551. SOLUTION. On en emploiera 55 mètres.
1552. SOLUTION. Ils coûteront 2 fr. 50 c.
1553. SOLUTION. On en recevra $\frac{84}{105}$.
1554. SOLUTION. Il a gagné 26 fr. 30 c.
1555. SOLUTION. Le fils a 18 ans.
1556. SOLUTION. La mère a 25 ans, la fille en a 10.
1557. SOLUTION. On payera 708 fr. $+\frac{2}{6}$.
1558. SOLUTION. Il en copiera $41+\frac{1}{4}$.
1559. SOLUTION. Elle a parcouru $27^{KM}+\frac{16}{28}$.
1560. SOLUTION. Elle s'élève à 95 970 fr.

Division.

1561. On a payé une somme de 162 fr. pour l'acquisition de 6 mètres $\frac{3}{4}$ de velours; combien a-t-on payé le mètre?

SOLUTION. Il est évident que le prix du mètre doit être représenté par le quotient de 162 fr. par $6+\frac{3}{4}$; réduisant $6+\frac{3}{4}$ en la fraction équivalente $\frac{27}{4}$, on a 162 à diviser par $\frac{27}{4}$; le quotient est 24. Donc le mètre de velours revient à 24 fr.

1562. On a payé 276 fr. les $\frac{3}{7}$ d'une pièce de drap; quelle était la valeur de la pièce entière?

SOLUTION. Si l'on connaissait le prix de la pièce entière, pour avoir le prix des $\frac{3}{7}$ de cette pièce, il faudrait répéter ce prix $\frac{3}{7}$ de fois; 276 fr. représentent donc le produit de $\frac{3}{7}$ par le prix cherché; il faut donc, pour obtenir ce prix, diviser 276 par $\frac{3}{7}$, division qui donne pour quotient 644. La pièce de drap valait donc 644 fr.

1563. Un ouvrier, au lieu de travailler toute la semaine, a travaillé seulement pendant les $\frac{5}{6}$ de cette semaine, il a reçu 35 fr. pour son travail ; combien aurait-il reçu s'il avait employé tout son temps ?

SOLUTION. Puisque pour $\frac{5}{6}$ de semaine cet ouvrier a reçu 35 fr., pour $\frac{1}{6}$ de semaine il a gagné $\frac{35}{5}$ de fr. ; pour la semaine entière, il aurait donc gagné $\frac{35 \times 6}{5}$ fr. Cet ouvrier aurait gagné dans sa semaine 42 fr.

1564. SOLUTION. Il est de 2 fr. 93 c.

1565. SOLUTION. C'est l'expression $9 + \frac{2}{13}$.

1566. SOLUTION. Il en fait $1^{M} + \frac{25}{63}$.

1567. SOLUTION. Elle l'emplira en $1^{h} + \frac{1}{5}$.

1568. SOLUTION. Il recevra 54 fr. 03 c.

1569. SOLUTION. On l'a vendu 2 fr. 47 c.

1570. SOLUTION. Il contenait $9^{M}36^{cm}$.

1571. SOLUTION. Il avait parcouru $1^{MM}2581$.

1572. SOLUTION. Elle revient à 2 fr. 40 c.

1573. SOLUTION. On a payé le mètre 12 fr. $+ \frac{12}{229}$ et on l'a vendu 14 fr. $+ \frac{137}{229}$.

1574. SOLUTION. Il en fera la totalité en $4^{h} + \frac{8}{9}$.

1575. SOLUTION. Elle en produit $49^{M} + \frac{1}{11}$.

1576. SOLUTION. On devra en prendre $11^{M} + \frac{59}{120}$.

1577. SOLUTION. Elle était de $1^{M} + \frac{11}{20}$.

1578. SOLUTION. Chaque pièce en contient $234 + \frac{6}{11}$.

1579. SOLUTION. Il en fournit 8.

1580. SOLUTION. Elle revient à 12 fr.

PROBLÈMES DIVERS

SUR LES FRACTIONS ET LES NOMBRES FRACTIONNAIRES.

1581. Déterminer quelle est la plus grande des trois fractions $\frac{3}{7}$, $\frac{5}{11}$ et $\frac{4}{9}$.

SOLUTION. Comme plusieurs fractions ne peuvent être comparées entre elles qu'autant qu'elles expriment des parties de même espèce, pour voir quelle est celle de ces fractions qui est la plus grande, il faut les réduire au même dénominateur ; la comparaison des numérateurs fera connaître alors quelle est celle qui renferme le plus de parties, c'est-à-dire la plus grande des trois. Ces trois fractions ramenées à un dénominateur commun deviennent $\frac{297}{693}$, $\frac{315}{693}$, $\frac{308}{693}$, d'où l'on voit que la deuxième fraction est la plus grande des trois.

1582. Il y a dans ma bourse, dit un père à son fils, la $\frac{1}{2}$, les $\frac{3}{4}$, les $\frac{4}{5}$ et les $\frac{19}{20}$ d'une pièce de 5 francs en diverses pièces de monnaie ; si je te donne les $\frac{2}{5}$ de cette somme, combien me restera-t-il de francs ?

SOLUTION. Pour arriver à la solution du problème, il est évident qu'il faudra d'abord déterminer la somme contenue dans la bourse du père, puis trouver les $\frac{2}{5}$ de cette somme, soustraire ensuite ces $\frac{2}{5}$ de la somme totale, enfin réduire en francs, s'il y a lieu, le reste de cette soustraction

Or, l'addition des fractions $\frac{1}{2}+\frac{3}{4}+\frac{4}{5}+\frac{19}{20}$ donnera pour résultat la somme qui se trouve dans la bourse du père : cette somme est 3. Le père possède donc 15 fr. ; les $\frac{2}{5}$ de cette somme s'obtiendront en multipliant les deux expressions 15 et $\frac{2}{5}$ l'une par l'autre ; on aura donc pour l'expression du reste $15-\frac{15\times2}{5}$ ou 9. Le père avait donc dans sa bourse 15 fr., le fils a reçu 6 fr. ; il reste au père 9 fr.

1583. On a payé 142 fr. pour 14 mètres $\frac{5}{8}$ de drap ; combien auraient coûté 5 mètres $\frac{2}{3}$?

SOLUTION. En réduisant les nombres $14+\frac{5}{8}$ et $5+\frac{2}{3}$ en expressions fractionnaires ayant le même dénominateur, ils deviennent $\frac{351}{24}$ et $\frac{136}{24}$. On dira alors :

si $\frac{351}{24}$ ont coûté.......................... 142 fr.

$\frac{1}{24}$ a coûté la 351e partie de 142 fr., ou.... $\frac{142}{351}$ fr. = 40 c.

$\frac{136}{24}$ vaudront donc 0 fr. 40 × 136, ou..... 54 fr. 40 c.

On aurait pu chercher le prix du mètre de drap en divisant 142 par $14+\frac{5}{8}$, et le quotient multiplié par $5+\frac{2}{5}$ eût donné également 54 fr. 40 c. pour résultat.

1584. Deux fontaines alimentent un bassin, l'une le remplirait en 8 jours, l'autre le remplirait seule en 5 jours; en combien de temps le rempliront-elles en coulant ensemble?

SOLUTION. La première fontaine remplira en un jour $\frac{1}{8}$ du bassin; la deuxième dans le même temps en remplira $\frac{1}{5}$; en coulant ensemble, elles rempliront $\frac{1}{8}+\frac{1}{5}$ du bassin ou $\frac{8+5}{40}$. $\frac{8+5}{40}$ ou $\frac{13}{40}$ du bassin étant remplis en un jour, $\frac{1}{40}$ le sera en $\frac{1}{13}$ de jour. Le bassin entier sera rempli en $\frac{40}{13}$ de jour ou en 3 jours $\frac{1}{13}$.

1585. SOLUTION. Le 1er a 24 billes, le 2e 36; ils en ont en tout 105.

1586. SOLUTION. Il a donné en tout 100 fr.; le 1er a reçu 25 fr., le 2e 30, le 3e 45.

1587. SOLUTION. Le 1er a pris 312 oranges, le 2e 260, le 3e 195; il en reste 13.

1588. SOLUTION. Le 1er a fait $\frac{1}{4}$ de journée de plus que l'autre.

1589. SOLUTION. Ils emploieront 6 jours $\frac{7}{8}$.

1590. SOLUTION. Il gagne 6 fr. 72 c.; il a perdu 1 fr. 12 c.

1591. SOLUTION. Elles emploieront $\frac{60}{121}$ d'heure.

1592. SOLUTION. On a employé 40 minutes; il reste $\frac{33}{20}$ d'hectolitre.

1593. SOLUTION. Ils ont reçu chacun 70 000 fr.; la fortune du père était de 245 000 fr.

1594. SOLUTION. Il en reste $7^{M}+\frac{8}{40}$.

1595. SOLUTION. Elle s'élève à 34 fr. 70 c.

1596. SOLUTION. Elle avait 5 fr. 20 c.

1597. SOLUTION. Il lui en reste à faire $\frac{11}{35}$.

1598. SOLUTION. Il lui reste 468 fr.

1599. SOLUTION. Il aurait payé 79 fr. 44 c.

1600. Solution. Il est de $\frac{137}{280}$ de kilog.

1601. Solution. Il lui est dû 90 fr.; il aurait gagné 101 fr. 25 c.

1602. Solution. Il lui reste à faire $26^{KM} + \frac{101}{128}$.

1603. Solution. Il lui reste 0 fr. 15 c.

1604. Solution. Il a dépensé 1734 fr. 50 c.

1605. Solution. Il reçoit 35 élèves; la rétribution s'est élevée à 134 fr. 25 c.

1606. Solution. Elle est de $5^{M}4^{dm}$.

1607. Solution. Il doit encore 273 fr.

1608. Solution. Il s'élevait à 100 fr. 80 c.

1609. Solution. Elles en font $289 + \frac{204}{347}$.

1610. Solution. Ils en emploieront $4 + \frac{78}{148}$.

1611. Solution. Il lui reste dû 36 fr.

1612. Solution. Elle s'élevait à 79 fr. 80 c.

1613. Solution. Le 1er a reçu 640 fr. de plus que l'autre.

1614. Solution. Elle a reçu 902 fr. $+ \frac{2}{9}$ et en a dépensé $844 + \frac{2}{9}$.

1615. Solution. Le 1er avait 45 billes, le 2e 9.

1616. Solution. Il a dépensé 35 fr. $+ \frac{6}{19}$.

1617. Solution. Elle emploierait $18^{h} + \frac{12}{28}$.

1618. Solution. Elle emploiera $5^{h} + \frac{5}{6}$.

1619. Solution. On avait servi 5 oranges; la 4e personne a mangé $\frac{1}{12}$ d'orange.

1620. Solution. Elles valent 5781 fr. $+ \frac{5}{12}$.

1621. Solution. Le 1er touchera 24 000 fr.; le 2e en recevra 32 000; le 3e touchera 40 000 fr.

1622. Solution. Ils sont séparés par 11 kilomètres.

1623. Solution. Il lui reste à copier $31 + \frac{1}{2}$ pages.

1624. Solution. Il a employé 1 heure.

1625. Solution. Ils valent 22515 mètres carrés.

1626. Solution. Il le videra dans le 1er cas en $2^{h} + \frac{31}{78}$, dans le 2e en $2^{h} + \frac{107}{176}$, et dans le 3e en $1^{h} + \frac{2195}{2854}$.

PROBLÈMES DIVERS

SUR LES QUATRE OPÉRATIONS FONDAMENTALES DE L'ARITHMÉTIQUE APPLIQUÉES AUX NOMBRES ENTIERS ET DÉCIMAUX, AUX FRACTIONS ET AUX NOMBRES FRACTIONNAIRES.

1627. SOLUTION. Il lui reste 351 fr. 10 c.

1628. SOLUTION. Elle est de 965 920 habitants.

1629. SOLUTION. Il a été de 44 773 095 florins.

1630. SOLUTION. Elles sont de *Paris* à *Angers* de 344^{KM}, de *Paris* à *Tours* de 236^{KM}, d'*Angers* à *Orléans* de 222^{KM}.

1631. SOLUTION. Le prix des places est de 0 fr. 30 c. Cette voiture a rapporté 72 fr.

1632. SOLUTION. Il s'élevait à 437 605 000 fr.

1633. SOLUTION. Il contient 23^{KG}, 175^{G} d'or fin.

1634. SOLUTION. Elle était composée de 362 compagnies et comptait 99 385 hommes.

1635. SOLUTION. Il mourut en 1793.

1636. SOLUTION. Ces distances sont : de *Paris* à *Tonnerre* de 197^{KM}, à *Joigny* de 146^{KM}, de *Tonnerre* à *Montereau* de 118^{KM}.

1637. SOLUTION. Elle date de 1793.

1638. SOLUTION. Il restait à recouvrer 555 000 fr.

1639. SOLUTION. Ils ont été transportés à 113^{KM},$\frac{2}{15}$.

1640. SOLUTION. On devra en employer 29^{M},$\frac{1}{8}$.

1641. SOLUTION. *Château-Thierry* est à 77^{KM} de *Châlons*.

1642. SOLUTION. Ces 4 roues ont fait ensemble 44 126,98 tours.

1643. SOLUTION. Elle est de 59^{KM}.

1644. SOLUTION. L'un en a 23, l'autre en a 44, le 3e en a 35.

1645. SOLUTION. Une roue fait 1 tour $\frac{1}{2}$ par minute.

1646. SOLUTION. La 1re contient 200, la 2e 133, la 3e 122 oranges.

1647. SOLUTION. Ce sont les nombres 10, 11 et 12.

1648. SOLUTION. Elle lui revient à 0 fr. 60 c.

1649. SOLUTION. Il était monté sur le trône en 532; l'expulsion des rois date de l'an 245 de la fondation de *Rome*.

1650. SOLUTION. Il doit toucher 26 fr. 25 c.

1651. SOLUTION. La feuille coûte 0 fr. 075; la rame coûte 36 fr.

1652. SOLUTION. Il lui doit encore 22 fr.

1653. SOLUTION. L'un a 211 fr., l'autre 289 fr.

1654. SOLUTION. Ils régnèrent pendant 140 ans; *Numa* monta sur le trône en 715 (avant J.-C.); *Tullus Hostilius* régna 31 ans.

1655. SOLUTION. Une place de 1re coûte 12 fr. 60 c.

1656. SOLUTION. La *bataille de Cannes* fut livrée 292 ans après l'expulsion des rois, 187 ans avant l'avénement d'*Auguste;* la *République* dura 479 ans.

1657. SOLUTION. Entre la *fondation de Rome* et la *chute de l'empire d'Occident*, il s'est écoulé 1330 ans; les rois furent expulsés en 509. Rome fut prise par les *Gaulois* en 289; *Auguste* arriva à l'empire en 30 av. J.-C.; la chute de l'*empire d'Occident* date de 476.

1658. SOLUTION. Il est resté 1262 têtes de bétail dont 235 bœufs, 93 vaches, 200 veaux et 734 moutons.

1659. SOLUTION. L'un avait 20 fr., l'autre 25 fr.

1660. SOLUTION. Ils font une économie de 4368 fr.

1661. SOLUTION. C'est le nombre 458.

1662. SOLUTION. Elle en avait 187; cet excès est 1.

1663. SOLUTION. L'invasion des *Vandales* eut lieu en 410; le *Coran* fut publié en 632.

1664. SOLUTION. Elle est âgée de 27 ans.

1665. SOLUTION. Il contient 23 bouteilles à 3 fr. 25 c., et 17 à 2 fr. 75 c.

1666. SOLUTION. Le 1er a mis 29370 fr., le 2e 9790 fr., et le 3e 6340 fr.

1667. SOLUTION. La prise de *Rome* par *Alaric* date de l'an 410 ; l'établissement du royaume des *Lombards* date de 568.

1668. SOLUTION. L'un a coûté 781 fr. 25 c., l'autre 468 fr. 75 c.

1669. SOLUTION. Elle emploie 489 secondes.

1670. SOLUTION. L'une de ces pièces vaut 5 fr., l'autre vaut 2 fr.

1671. SOLUTION. Cette rencontre aura lieu à 5 minutes $+ \frac{5}{11}$.

1672. SOLUTION. Il avait fait $197^{M} + \frac{9}{203}$.

1673. SOLUTION. Ce sont les nombres 99 et 54.

1674. SOLUTION. Ils se rencontreront à 101^{KM} 06065^{cm} de Paris.

1675. SOLUTION. Ils seront séparés l'un de l'autre par 37^{KM}.

1676. SOLUTION. Il gagne 12 fr. par semaine.

1677. SOLUTION. Il doit servir $8^{KG} + \frac{1}{2}$ de chaque.

1678. SOLUTION. Ces nombres sont 45, 23 et 37.

1679. SOLUTION. Ce dividende est 18 866 446.

1680. SOLUTION. Elle compte 2020 hommes.

1681. SOLUTION. Elle a produit 3660 fr. 50 c.

1682. SOLUTION. La facture s'élevait à 159 fr. 40 c. On a rendu 22^{M} de toile et payé 85 fr. 70 c.

1683. SOLUTION. Ce vin revient à 0 fr. 85 c. la bouteille; on doit payer en retour 103 fr. 75 c.

1684. SOLUTION. On le vendra 0 fr. 95 c. le litre.

1685. SOLUTION. Ce vase plein et bouché pèse $33^{HG}9^{DG}$; le poids de l'eau est de $28^{HG}2^{DG}$; le vase vide et bouché pèse $5^{HG}7^{DG}$.

1686. SOLUTION. Il a livré 322 kilog. de bougie.

1687. SOLUTION. Ils gagnaient par jour 5 fr. 50 c.;

il revenait au 1er 577 fr. 50 c., au 2e 467 fr. 50 c., au 3e 357 fr. 50 c.

1688. SOLUTION. Ces parties sont 180 et 15.

1689. SOLUTION. Il a payé le mètre du 1er achat 3 fr. 50 c. Il a dépensé en tout 5 850 fr.

1690. SOLUTION. Cette somme s'élevait à 51 000 fr.

1691. SOLUTION. Le nombre des élèves de la 1re classe est de 15 ; la rétribution mensuelle s'élève à 307 fr. 50 c.

1692. SOLUTION. Les enfants privés d'instruction étaient au nombre de 64 656, le nombre de ceux qui suivaient les écoles s'était accru de 25 705.

1693. SOLUTION. Deux nombres 94 et 49 satisfont à la question.

1694. SOLUTION. Elle dépense 1 036 919 fr., chaque salle d'asile coûte en moyenne 5 487 fr. 53 c., on dépense pour chaque enfant 26 fr. 56 c.

1695. SOLUTION. Ils sont au nombre de 8 745 719; ils ont 10 601 temples ou mosquées.

1696. SOLUTION. Il devra le vendre 19 fr. 687.

1697. SOLUTION. Il devra le vendre 0 fr. 61 c.

1698. SOLUTION. Cette valeur serait de 25 000 fr.

1699. SOLUTION. Il a perdu 7 465 fr. 45 c.

1700. SOLUTION. Ces nombres sont 12, 13, 14, 15.

1701. SOLUTION. Il contient 220 litres.

1702. SOLUTION. Elle serait de $0^{M}28^{cm}$.

1703. SOLUTION. Il gagne 1 040 fr.

1704. SOLUTION. Elle en contient $5^{HA}50^{A}$.

1705. SOLUTION. Le père a 35 ans, le fils en a 8.

1706. SOLUTION. Ce bénéfice a été de 51 050 fr. (1).

1707. SOLUTION. Elle a à payer 7 fr. 56 c.

1708. SOLUTION. Le prix du mètre est de 29 fr. 49 c. Il en reste $7^{M} + \frac{23}{24}$.

(1) Dans l'énoncé, *au lieu de* 345 000 fr., *lisez* 325 000 fr.

1709. SOLUTION. Il faudra $8^{h} + \frac{1}{8}$.

1710. SOLUTION. La terre tourne sur son axe en 1 990 569 secondes; elle parcourt son orbite en 31 558 151 secondes.

1711. SOLUTION. Cette pièce contient $21^{ds}060$.

1712. SOLUTION. Il y sera contenu 8 fois.

1713. SOLUTION. La pièce de 40 fr. ne peut peser plus de $12^{G}980$, ni moins de $12^{G}927$; celle de 20 fr. pèsera au moins $6^{G}489$ et au plus $6^{G}465$.

1714. SOLUTION. La pièce de 5 fr. doit peser au plus $25^{G}075$ et au moins $24^{G}925$; celle de 2 fr. doit peser au plus $10^{G}050$ et au moins $9^{G}950$. Celle de 1 fr. doit peser $5^{G}025$ au plus et $4^{G}975$ au moins; celle de 0 fr. 50 c. doit peser au plus $2^{G}5\,175$ et au moins $2^{G}4\,825$.

1715. SOLUTION. Il vaut légalement 3 120 fr.

1716. SOLUTION. Ce sac contient une valeur légale de 3 375 fr.

1717. SOLUTION. Ce poids est de 33 500 kilogr.

1718. SOLUTION. On y a jeté $40^{met\,cub}375$ d'eau. Ce bassin en contiendrait $235^{met\,cub}004\,166$.

1719. SOLUTION. On devra verser $87 + \frac{1}{2}$ de cette mesure.

1720. SOLUTION. Elle est de $0^{met\,cub}025\,170$.

1721. SOLUTION. Ce poids est de 375 kilog.

1722. SOLUTION. Il en contiendra $43^{DL}7^{L}$.

1723. SOLUTION. La somme contenue est de 11 755 fr.

1724. SOLUTION. Elle en contient $11^{KG}70^{G}$.

1725. SOLUTION. Il y en a $1\,725^{DL}$.

1726. SOLUTION. Elle est de $158^{met\,cub}500$.

1727. SOLUTION. Elle pèse $18\,535^{KG}78^{DG}$.

1728. Ce poids est de $8^{KG}78^{DG}$.

1729. SOLUTION. Cette superficie est de 78^{HA}.

1730. SOLUTION. Elle est de $0^{myriam\,car}139\,645$.

1731. Solution. On payera 37 fr. 50 c.

1732. Solution. L'hectog. vaut 0 fr. 80 c., le décag. vaut 0 fr. 08 c.

1733. Solution. Un coup de fusil coûte 0 fr. 05 c. de poudre.

1734. Solution. Le stère a coûté 15 fr.

1735. Solution. C'est le nombre 8.

1736. Solution. Il a gagné 4 fr. 55 c.

1737. Solution. Elle a coûté 62 460 fr.

1738. Solution. Elle était de 83 388 fr. 88 c.

1739. Solution. Ils l'exécuteront en 5 jours.

1740. Solution. La propriété a coûté 31 500 fr.; les frais se sont élevés à 3 857 fr. $+ \frac{1}{7}$.

1741. Solution. Il serait de 491^{KG}022^{G}.

1742. Solution. On aurait payé par le gaz 52 fr. 65 c., par la bougie 656 fr. 10 c.

1743. Solution. On a pris 54^{KG}; en tout 18 de chaque espèce.

1744. Solution. La perte a été de 2 518 fr. 75 c.; on a sauvé pour 38 918 fr. 75 c. de bois.

1745. Solution. On a pris 11 ouvriers auxquels on a payé 312 fr. 40 c.; pour chacun, 28 fr. 40 c.

1746. Solution. Elle durera 218 jours $+ \frac{2}{11}$.

1747. Solution. On lui offre 18 fr. 25 c. de l'hectolitre; la diminution est de 404 fr. 25 c.

1748. Solution. Dans 5 ans.

1749. Solution. Il leur faudra 90 jours $+ \frac{20}{31}$.

1750. Solution. Il doit y ajouter $\frac{1}{3}$ d'eau.

FIN DE LA PREMIÈRE PARTIE.

DEUXIÈME PARTIE

PROBLÈMES

SUR LES RÈGLES DE TROIS.

1751. En 15 jours, un courrier a parcouru 2 220 kilomètres; combien de jours emploiera-t-il pour en parcourir 1 480?

1re Solution. Si 2 220 kilomètres ont été parcourus en 15 jours, 1 kilomètre a été parcouru en $\frac{15}{2220}$ jours; 1 480 kilomètres le seront en $\frac{15 \times 1480}{2220}$ jours.

2e Solution. Le nombre de jours cherché sera évidemment inférieur à 15 jours; si donc on le désigne par x, on aura cette proportion : 2 220 kilomètres : 1 480 kilomètres :: 15 jours : x, d'où il résulte : $x = 10$.

Ce courrier emploiera donc 10 jours pour parcourir 1 480 kilomètres.

1752. La garnison d'une ville assiégée est de 8 000 hommes, elle a des vivres pour 5 mois; si on l'augmente de 2 000 hommes, combien de temps ces vivres pourront-ils alimenter toute la garnison ?

1re Solution. Puisque 8 000 hommes peuvent vivre avec les provisions pendant 5 mois, 1 seul homme vivra pendant 5 × 8 000 mois; 10 000 hommes vivront donc $\frac{5 \times 8000}{10000}$ mois, ou pendant 4 mois.

2e Solution. Soit x le temps cherché, ce temps devant être évidemment moindre que 5 mois, puisque la deuxième quantité principale 8 000 + 2 000 hommes surpasse la première 8 000, on posera cette proportion : 10 000 hommes : 8 000 hommes :: 5 mois : x, d'où : $x = 4$.

Les 10 000 hommes vivront donc 4 mois avec ces vivres.

1753. Trois ouvriers travaillant 7 heures par jour ont fait en 2 jours 126 mètres d'ouvrage ; combien faudrait-il d'ouvriers travaillant 5 jours et 3 heures par jour pour en faire 90 mètres ?

SOLUTION. Pour ramener cette règle de trois composée à la solution d'une règle de trois simple, on raisonne ainsi qu'il suit : les 3 ouvriers ayant travaillé 7 heures par jour pendant 2 jours, ont réellement travaillé 2 fois 7 heures ou 14 heures pour effectuer les 126 mètres d'ouvrage; dans 1 heure, ils en ont donc fait la quatorzième partie, c'est-à-dire $\frac{126}{14}$ ou 9 mètres. Maintenant, quel que soit le nombre des ouvriers à employer pour exécuter 90 mètres de cet ouvrage, ils devront travailler pendant 15 heures et en faire en 1 heure la quinzième partie ou 6 mètres.

Le problème proposé se trouve donc ramené à celui-ci :

Trois ouvriers font en 1 heure 9 mètres d'ouvrage; combien faudra-t-il d'ouvriers de même force pour en faire 6 mètres dans le même temps?

1re SOLUTION. Trois ouvriers faisant en 1 heure 9 mètres d'ouvrage, 1 mètre sera fait par $\frac{3}{9}$ d'ouvrier; 6 mètres seront faits par $\frac{3\times 6}{9}$ ouvriers.

2° SOLUTION. Le nombre des ouvriers inconnus devant être moindre que 3, si on le représente par x, on aura : $9 : 6 :: 3 : x$, d'où : $x = 2$.

Il faudra donc 2 ouvriers pour effectuer les 90 mètres dans le temps donné.

Règles de trois simples.

1754. SOLUTION. Il lui était dû 18 fr.

1755. SOLUTION. Il faudrait 11 440 kilog.

1756. SOLUTION. Il en avait 1 500.

1757. SOLUTION. Ils le feraient en 1 jour.

1758. SOLUTION. Il les copiera en 7 heures.

1759. SOLUTION. On la réduira de $\frac{2}{5}$.

1760. SOLUTION. On payera 4 576 fr. 50 c.

1761. SOLUTION. On les vendra 11 fr. 25 c.

1762. SOLUTION. Il recevra 1 598 fr.

1763. SOLUTION. Il recevrait 360 fr.

1764. SOLUTION. On touchera 1 298 fr.
1765. SOLUTION. Elles auraient dépensé 180 fr.
1766. SOLUTION. Ils auraient coûté 122 fr. 10 c.
1767. SOLUTION. On en aura $8^{KG}+\frac{2}{5}$.
1768. SOLUTION. On aurait payé 10 fr.
1769. SOLUTION. On gagnerait 75 fr.
1770. SOLUTION. Ils auraient coûté 10 296 fr.
1771. SOLUTION. Il en faudra 33.
1772. SOLUTION. Le créancier perd 375 fr.
1773. SOLUTION. L'une vaut 279 fr. 50 c., l'autre 240 fr. 50.
1774. SOLUTION. Il aura à payer 624 fr.
1775. SOLUTION. Son bénéfice est de 267 fr.
1776. SOLUTION. Il a gagné 4 387 fr. 50 c.
1777. SOLUTION. Il devra en donner 1 946 litres.
1778. SOLUTION. Il en aurait fallu 135.
1779. SOLUTION. Il en tirera pendant 39 heures.
1780. SOLUTION. On doit payer 242 fr. 53 c.
1781. SOLUTION. Il en eût fallu 315.
1782. SOLUTION. Il en emploiera $2^{M}50^{cm}$.
1783. SOLUTION. Elle sera de 41 fr. 25 c.
1784. SOLUTION. On en aurait eu $15^{M}50^{cm}$.
1785. SOLUTION. Cette valeur s'élève à 413 280 fr.
1786. SOLUTION. Après 6 jours.
1787. SOLUTION. Il faudrait la réduire de $\frac{5}{9}$.

Règles de trois composées.

1788. SOLUTION. Ils en auraient copié 1 600
1789. SOLUTION. Il en faudrait 8.
1790. SOLUTION. Il en aurait copié 400.
1791. SOLUTION. Il aurait mis 25 jours.
1792. SOLUTION. On le lui payerait 131 fr. 825.
1793. SOLUTION. Il aurait fallu 14 pièces.
1794. Elle en fournirait 7112.
1795. SOLUTION. Ils auraient employé 9 jours.

1796. SOLUTION. Il aurait eu à payer 660 fr.

1797. SOLUTION. On dépenserait 598 fr. 50 c. de plus.

1798. Il en aurait fallu 250.

1799. SOLUTION. Il aurait fait 12 pages.

1800. SOLUTION. On en tirera 180.

1801. SOLUTION. Ils emploieront 30 jours 681.

1802. SOLUTION. On les aurait payées 405 fr.

1803. SOLUTION. Ils devraient travailler 12 heures 414 par jour.

1804. SOLUTION. Il devrait marcher 12 heures (1).

1805. On dépensera 34 500 fr.

1806. SOLUTION. Il en faudra 36.

1807. SOLUTION. Elle s'élèvera à 3 688 fr. 70 c.

1808. SOLUTION. Ils devront travailler 18 heures.

1809. SOLUTION. Il aurait dû retenir alors 892 fr. 50 c.

1810. SOLUTION. Il sera rempli en 6 heures.

1811. SOLUTION. Elle pèserait $155^{KG}555^{G}$.

1812. SOLUTION. En 10 jours $\frac{2}{7}$.

1813. SOLUTION. Il en aurait fallu 32.

1814. SOLUTION. Il diminuera de $2^{H}4$.

1815. SOLUTION. En 12 jours $\frac{1}{2}$.

1816. SOLUTION. Il en aurait employé 14 000.

---

(1) Dans l'énoncé, *au lieu de* 1642 kilomètres, *lisez* 1620 kilomètres.

PROBLÈMES

SUR LES RÈGLES D'INTÉRÊTS.

1817. Déterminer l'intérêt simple d'un capital de 8 700 fr. placé pendant 2 ans 4 mois au taux de 5 p. 100.

1re Solution. 2 ans 4 mois font 840 jours, l'intérêt de 100 fr. pour 360 jours étant de 5 fr., celui de 1 fr. sera $\frac{5}{100}$ fr.; celui de 1 fr. pour 1 jour sera $\frac{5}{36\,000}$ fr.; celui de 8 700 fr. sera $\frac{8\,700 \times 5}{36\,000}$ fr.; celui de 8 700 fr. pour 840 jours sera $\frac{8\,700 \times 5 \times 840}{36\,000}$ fr. ou 1 015 fr.

2e Solution. Puisque 100 fr. rapportent 5 fr. par an, il est clair qu'ils produiront 5 fr. répété 2 fois $+ \frac{1}{3}$ ou 11 fr. 66 c. dans 2 ans 4 mois. Soit x l'intérêt cherché. Si on observe que les intérêts croissent en raison directe des capitaux, on a cette proportion : $100 : 8\,700 :: 11{,}66 : x$, d'où $x = 1\,015$ fr.

Le capital 8 700 fr. rapportera donc 1 015 fr. dans 2 ans 4 mois.

1818. On a placé pour 3 ans un certain capital au taux de 5 p. 100, au bout de ce temps, on touche en intérêts 1 830 fr. ; quel était ce capital ?

1re Solution. 5 fr. après 1 an venant de 100 fr., 1 fr. viendra de $\frac{100}{5}$ fr., 1 fr. après 3 ans viendra $\frac{100}{5 \times 3}$; 1 830 fr. viendront de $\frac{1\,830 \times 100}{5 \times 3}$ ou de 12 200 fr.

2e Solution. 100 fr. rapportant 5 fr. par an, après 3 ans, ils auront rapporté 15 fr.; on établira donc la proportion suivante : $15 : 100 :: 1\,830 : x$, d'où $x = 12\,200$.

Le capital cherché s'élevait donc à la somme de 12 200 fr.

1819. 30 000 fr. prêtés à 6 p. 100 ont produit 7 860 fr. d'intérêts ; pendant quel temps ont-ils été placés?

1re Solution. 100 fr. rapportant 6 fr. après 360 jours, 1 fr. rapportera 6 fr. après 36 000 jours, 1 fr. rapportera 1 fr. après

$\frac{36\,000}{6}$ jours, 1 fr. rapportera 7 860 fr. après $\frac{7\,860 \times 36\,000}{6}$ jours; 30 000 fr. rapporteront 7 860 fr. après $\frac{7\,860 \times 36\,000}{6 \times 30\,000}$ jours ou après 1 572 jours.

2e Solution. Pour résoudre cette question, on cherchera d'abord ce que 30 000 fr. doivent rapporter par an au moyen de la proportion : 100 : 30 000 fr. :: 6 : x, d'où $x = 1\,800$. Puis divisant 7 860 par 1 800, le quotient indique le temps pendant lequel la somme a été prêtée, c'est-à-dire 4 ans 4 mois et 12 jours.

Ce capital est donc resté placé pendant 1 572 jours.

1820. Un usurier a prêté 1 500 fr. pour 3 ans 4 mois; le débiteur rend alors 2 100 fr., tant en principal qu'en intérêts; quel était le taux de ce prêt?

1re Solution. 1 500 fr. ayant produit en 1 200 jours 600 fr., 1 fr. a dû produire $\frac{600}{1\,500}$ fr., 1 fr. a dû produire en un jour $\frac{600}{1\,500 \times 1\,200}$ fr., 1 fr. a dû produire en 360 jours $\frac{600 \times 360}{1\,500 \times 1\,200}$ fr.; 100 fr. rapportaient donc $\frac{600 \times 360 \times 100}{1\,500 \times 1\,200}$ fr. ou 12 fr.

2e Solution. En soustrayant la somme prêtée de 2 100 fr. il reste pour les intérêts produits 600 fr., ces 600 fr. ayant été produits en 3 ans 4 mois, l'intérêt en 1 an est de 180 fr. Il reste alors à résoudre cette simple règle de trois :

1 500 *fr. ont donné* 180 *fr. d'intérêt, combien* 100 *fr. en donnaient-ils ?*

On pose alors cette proportion : 1 500 : 180 :: 100 : x, d'où $x = 12$.

Cet usurier avait donc placé son argent au taux de 12 p. 100.

1821. Un capital de 5 000 fr. reste placé pendant 3 ans à 6 pour 100 à intérêts composés; quelle somme touchera le créancier après ce temps?

1re Solution. L'intérêt de 5 000 fr. pour 1 an est de $\frac{5\,000 \times 6}{100}$ ou 300 fr. Pour la deuxième année, le capital devient 5 000 + 300 ou 5 300 fr., dont l'intérêt pour 1 an est de $\frac{5\,300 \times 6}{100}$ ou 318 fr. Enfin, pour la troisième année, le capital devient 5 300 × 318 ou 5 618 fr., dont l'intérêt pour 1 an est $\frac{5\,618 \times 6}{100}$ ou 337 fr. 08 c.

2e Solution. On aura l'intérêt de 5 000 fr. pour la première année par la proportion : 100 : 5 000 :: 6 : x, d'où $x = 300$. Ajoutant cette somme au capital primitif pour former celui de la deuxième année, l'intérêt de ce nouveau capital 5 300 fr. s'obtiendra par la proportion : 100 : 5 300 :: 6 : x, d'où $x = 318$ fr. Enfin, le capital de la troisième année sera composé de 5 300 + 318, son intérêt s'exprimera par le quatrième terme de la proportion : 100 : 5 618 :: 6 : x, d'où $x = 337$ fr. 08 c.

L'intérêt composé de ce capital sera donc 300 + 318 + 337,08, ou à 955 fr. 08 c., le créancier recevra donc 5 955 fr. 08 c.

Intérêt simple.

1822. SOLUTION. Cet intérêt s'est élevé à 300 fr.

1823. SOLUTION. On avait placé 1 200 fr.

1824. SOLUTION. Cet intérêt sera de 35 fr. 55 c.

1825. SOLUTION. Cet intérêt sera de 2 700 fr.

1826. SOLUTION. Cette maison vaut 285 555 fr. 55 c.

1827. SOLUTION. Ce propriétaire a perdu 6125 fr.

1828. SOLUTION. Le 1er n'a placé son argent qu'à 4 p. 100.

1829. SOLUTION. Cette somme était 1 694 fr. 12 c.

1830. SOLUTION. Il doit économiser 750 fr.

1831. SOLUTION. Ce capital restera placé pendant 5 ans 6 mois et 20 jours.

1832. SOLUTION. Cette dot s'élève à 108 300 fr.

1833. SOLUTION. Il était placé à 5 fr. p. 100.

1834. SOLUTION. Il devra toucher 1 872 fr.

1835. SOLUTION. Elle est placée à 6 fr. 50 c. p. 100.

1836. SOLUTION. Il devra verser 254 250 fr.

1837. SOLUTION. Elle sera placée à 1 fr. p. 100.

1838. SOLUTION. Il faudrait placer 8 571 fr. 43 c.

1839. SOLUTION. Après 21 ans 11 mois et 5 jours.

1840. SOLUTION. Elle a duré 4 ans 1 mois 8 jours.

1841. SOLUTION. Il a gagné 33 600 fr.

1842. SOLUTION. Cette somme s'élève à 57 600 fr.

1843. SOLUTION. Il doit placer 9 740 fr. 22 c.

1844. SOLUTION. Pendant 2 ans 8 mois.

1845. SOLUTION. Il le placera à 5 fr. 71 c. p. 100.

1846. SOLUTION. Il le diminuera de 4 500 fr.

Rentes sur l'État.

1847. SOLUTION. 100 fr. rapporteront 4 fr. 71 c.
1848. SOLUTION. Ce sera le placement en 3 p. 100.
1849. SOLUTION. On aura à verser 126 966 fr. 67 c.
1850. SOLUTION. Ce bénéfice serait 36 777 fr. 78 c.
1851. SOLUTION. Il était à 100 fr. 55 c.
1852. SOLUTION. Ce cours est à 64 fr. 49 c.
1853. SOLUTION. Ce sera le placement en 3 p. 100.
1854. SOLUTION. Il a gagné 3 125 fr.
1855. SOLUTION. Il touchera 25 666 fr. 67 c.; il aura perdu 4 453 fr. 33 c.
1856. SOLUTION. On devra préférer le 3 p. 100.
1857. SOLUTION. Son coupon sera de 118 fr. 11 c.
1858. SOLUTION. Il sera à 97 fr. 50 c.

Intérêts composés. — Annuités.

1859. SOLUTION. On devra placer 25 793 fr. 65 c.
1860. SOLUTION. Il aurait monté à 3 813 fr. 34 c.
1861. SOLUTION. On remboursera 34 257 fr. 22 c.
1862. SOLUTION. Ce sera de 33 548 fr. 77 c.
1863. SOLUTION. Cette somme est de 1 598 fr. 78 c.
1864. SOLUTION. Il sera de 11 280 fr. 39 c.
1865. SOLUTION. Il a dû toucher 6 458 fr. 90 c.
1866. SOLUTION. Il doit placer 2 115 fr. 02 c.
1867. SOLUTION. Ce serait de 96 468 fr. 75 c.
1868. SOLUTION. Il doit toucher 1 372 fr. 33 c.
1869. SOLUTION. Il devra toucher 94 022 fr. 05 c.
1870. SOLUTION. Elle était de 4 266 fr. 46 c.
1871. SOLUTION. Elle sera de 1 680 fr. 33 c.
1872. SOLUTION. Il doit recevoir 4 792 fr. 50 c.
1873. SOLUTION. Il touchera 1 746 fr.
1874. SOLUTION. L'intérêt produit est de 758 fr. 664; plus élevé de 38 fr. 664 que l'intérêt simple.
1875. SOLUTION. Elle s'élevait à 9 376 fr. 65 c.

PROBLÈMES

SUR LES RÈGLES D'ESCOMPTE ET DE CHANGE.

Escompte.

1876. Solution. Ce billet était de 500 fr.
1877. Solution. Cet escompte s'est élevé à 210 fr.
1878. Solution. L'escompte montera à 195 fr.
1879. Solution. Ce mandat était de 1 284 fr. 63 c.
1880. Solution. Il était à 3 mois d'échéance.
1881. Solution. L'escompte était à 8 pour 100.
1882. Solution. Il aura à payer 8 245 fr.
1883. Solution. On devra lui rendre 224 fr. 37 c.
1884. Solution. Il doit être réduit à 5 101 fr. 25 c.
1885. Solution. Il était réservé à 6 p. 100.
1886. Solution. On aura à verser 2 066 fr. 25 c.
1887. Solution. Elle est réduite de 46 fr. 875.
1888. Solution. Cet escompte est à 6 p. 100 l'an.
1889. Solution. Il en avait acheté 1 022^{h},56.
1890. Solution. Il était de 1 877 fr. 55 c.

Change.

1891. Solution. Le change est de 1 fr. 05 c. p. 100.
1892. Solution. Ce mandat est de 3 412 fr. 50 c.
1893. Solution. Elles s'élevaient à 5 141 fr. 38 c.
1894. Solution. Il est de 14 737 fr. 50 c.
1895. Solution. Il avait déposé 8 074 fr. 53 c.
1896. Solution. On déposera 1 275 fr. 55 c.
1897. Solution. Il touchera 1 815 fr. 30 c.
1898. Solution. Ils produiront 1 185 fr.
1899. Solution. On y déposera 5 678 fr. 75 c.
1900. Solution. Il reçoit en tout 634 fr. 80 c.
1901. Solution. Il était à 3 fr. 50 c. p. 100.
1902. Solution. On devra lui remettre 10 275 fr.
1903. Solution. Il avait déposé à *Berlin* 7 196 fr.
Le change de *Paris* sur *Londres* était de 2 fr. 50 c.

PROBLÈMES

SUR LES RÈGLES DE SOCIÉTÉ ET DE PARTAGE.

1904. *Trois* négociants réunis pour une entreprise y ont placé : le 1er 5 000 fr., le 2e 8 000 fr., le troisième 12 000 fr. Ils ont réalisé un bénéfice de 8 500 fr., sur lequel le 1er doit prélever 500 fr. comme ayant dirigé l'affaire ; quelle devra être la part de chacun ?

1re SOLUTION. Si on retranche les 500 fr. à prélever du bénéfice, il restera 8 000 fr. à distribuer entre les associés. Pour opérer le partage, on fait la somme des mises et on dit : Si 25 000 fr. ont produit un bénéfice de 8 000 fr., 1 fr. a produit $\frac{8\,000}{25\,000}$, donc 5 000 fr. ont produit $\frac{8\,000}{25\,000} \times 5\,000$ fr., ou 1 600 fr. ; 8 000 fr. ont produit $\frac{8\,000}{25\,000} \times 8\,000$, ou 2 560 fr. ; enfin, 12 000 fr. ont produit $\frac{8\,000}{25\,000} \times 12\,000$, ou 3 840 fr.

2e SOLUTION. Le gain devant être proportionnel à chaque mise, et chaque gain particulier devant être avec la mise qui lui correspond dans le même rapport que le bénéfice à partager avec la somme de toutes les mises, on a, en appelant x, y et z chacune des parts à déterminer : $25\,000 : 8\,000 :: 5000 : x$; $25\,000 : 8000 :: 8\,000 : y$; $25\,000 : 8000 :: 12\,000 : z$; d'où $x = 1\,600$ fr., $y = 2\,560$ fr., $z = 3\,840$ fr.

Il revient donc sur le bénéfice total au premier négociant $1\,600 + 500$ fr. ou 2100 fr., au deuxième sur le bénéfice à partager également 2 560 fr., et au troisième 3 840 fr. ; ces trois sommes réunies font en effet 8 500 fr.

1905. *Trois* négociants se sont réunis pour une spéculation. Le 1er a placé 5 000 fr. pendant 2 ans ; le 2e a placé 8 000 fr. pendant 18 mois ; le 3e y a placé 6 000 fr. pendant les 30 mois qu'a duré la société qui se dissout avec 15 000 fr. de bénéfice ; quelle doit être la part de chacun ?

Solution. Chaque part dépend ici de la mise de chaque associé et du temps pendant lequel cette mise a été employée. Pour résoudre cette question, on la ramène à une règle de société simple, en rapportant toutes les mises à un même temps. Pour cela, on observe que 5 000 fr. employés pendant 24 mois doivent produire autant de profit que 5 000 × 24 ou 120 000 fr. employés pendant un mois seulement : par le même motif, les 8 000 fr. employés pendant 18 mois, et les 6 000 fr. placés pendant 30 mois produiront autant que 18 fois 8 000 fr. ou 144 000 fr., et 30 fois 6 000 fr. ou 180 000 fr. employés 1 mois seulement.

La question est donc ramenée à cette règle de société simple :

Trois négociants ont placé pour un mois, dans une spéculation, le premier 120 000 fr., le deuxième 144 000 fr., le troisième 180 000 fr.; ils ont gagné 15 000 fr.; quelle doit être la part de chacun?

1re Solution. La somme des mises étant 444 000 fr., chaque part sera représentée respectivement :

La première, par $\frac{15\,000}{444\,000} \times 120\,000$ ou 4 054 fr. 05 c.;

La deuxième, par $\frac{15\,000}{444\,000} \times 144\,000$ ou 4 864 fr. 87 c.;

La troisième, par $\frac{15\,000}{444\,000} \times 180\,000$ ou 6 081 fr. 08 c.

2e Solution. Les mises étant représentées par x, y et z et leur somme totale par 444 000 fr., on aura :

$444\,000 : 15\,000 :: 120\,000 : x$; $444\,000 : 15\,000 :: 144\,000 : y$; $444\,000 : 15\,000 :: 180\,000 : z$; d'où $x = 4\,054$ fr. 05 c.; $y = 4\,864$ fr. 87 c.; $z = 6\,081$ fr. 08 c.

Le premier négociant recevra donc 4 054 fr. 05 c.; le deuxième, 4 864 fr. 87 c.; le troisième, 6 081 fr. 08 c.; ces trois sommes additionnées donnent en effet pour total 15 000 fr., somme à partager.

Règles de partage et de société simples.

1906. Solution. Le 1er retirera 591 fr. 11 c.; le 2e 731 fr. 11 c.; le 3e 777 fr. 78 c.

1907. Solution. La part du 1er sera de 6 363 fr. 63 c.; celle du 2e de 8 636 fr. 37 c.; celle du 3e de 10 000 fr.

1908. Solution. Le 1er a perdu 4 800 fr.; le 2e 7 200 fr.

1909. Solution. Le 1er avait apporté 24 000 fr.; le 2e 23 500 fr.; le 4e 22 500 fr.

1910. Solution. Il revient au 1er 473 fr. 68 c.; au 2e 606 fr. 32 c.; au 3e 720 fr.

1911. Solution. Le 1er avait avancé 7 500 fr.; le 2e 9 642 fr. 86 c.; le 3e 7 857 fr. 14 c.

1912. Solution. Le 1er en a fourni 88, le 2e 77.

1913. Solution. Le 1er bureau recevra 2 074 fr. 77 c.; le 2e touchera 3 665 fr. 42 c.; le 3e 1 659 fr. 81 c.

1914. Solution. Le 1er avait employé 55 journées; le 2e 42.

1915. Solution. Le 1er perd 5 142 fr. 86 c.; le 2e 6 857 fr. 14 c.

1916. Solution. Le 1er avait mis 668 fr. 92 c.; le 2e 831 fr. 08 c.

1917. Solution. Le 1er perdra 2 500 fr.; le 2e 1 000 fr.

1918. Solution. Il avait engagé 325 fr. 15 c.

1919. Solution. Le plus jeune aura 17 142 fr. 86 c.; le second 15 000 fr. et l'aîné 12 857 fr. 14 c.

1920. Solution. Il a 21 ans.

1921. Solution. Le 1er avait 56 billes; le 2e en avait 40; le 3e 24.

1922. Solution. Le 1er touchera 250 fr.; le 2e 310 fr.; le 3e 190 fr.

1923. Solution. Le 1er touchera 3 240 fr.; le 2e 2 520 fr.; le 3e 2 880 fr.

1924. Solution. Il a employé 12 journées $\frac{3}{11}$.

1925. Solution. Le 1er a reçu 33 fr. 75 c.; le 2e 63 fr. 75 c.; le 3e a employé 11 jours, le 4e 8 (1).

1926. Solution. Le 1er touchera 36 842 fr. 10 c.; le 2e 44 210 fr. 53 c.; le 3e 58 947 fr. 37 c.

---

(1) Dans l'énoncé, *au lieu de* 13 jours; *lisez* 17 jours.

1927. SOLUTION. Le 1er recevra 6 250 fr.; le 2e 10 000 fr.; le 3e 8 750 fr.

1928. SOLUTION. La 1re avait avancé 47 466 fr. 67 c.; la 2e 54 666 fr. 67 c.; la 3e 97 866 fr. 66 c.

1929. SOLUTION. Il payera 150 fr. 56 c.

1930. SOLUTION. Ce revenu est de 1 346 fr. 96 c.

1931. SOLUTION. Cet impôt est de 10 234 fr. 56 c.

1932. SOLUTION. Ce revenu est de 234 567 fr. 89 c.

1933. SOLUTION. Il touchera 3 912 fr. 40 c.

1934. SOLUTION. On perdra 51 fr. 43 c. p. 100.

1935. SOLUTION. La créance s'élevait à 4 578 fr.

1936. SOLUTION. Le passif est de 54 600 fr.

1937. SOLUTION. L'actif se réduit à 26 820 fr. 85 c.

1938. SOLUTION. La mise du 1er était de 660 fr.; celle du 2e de 630 fr.; celle du 3e de 582 fr.; celle du 4e de 540 fr.

1939. SOLUTION. Le 1er a touché 1 445 fr. 50 c.; le 2e 1 862 fr.; le 3e 1 592 fr. 50 c.

1940. SOLUTION. Le 1er touchera 2 006 fr. 67 c.; le 2e 2 274 fr. 22 c.; le 3e 1 739 fr. 11 c.

1941. SOLUTION. La 1re payera 754 fr. 84 c.; la 2e 1 509 fr. 68 c.; la 3e 1635 fr. 48 c.

Règles de société composées.

1942. SOLUTION. Le 1er perdra 6 352 fr. 94 c.; l'autre perdra 5 647 fr. 06 c.

1943. SOLUTION. Le 1er touchera 7 865 fr. 85 c.; le 2e recevra 7 134 fr. 15 c.

1944. SOLUTION. Le 1er aura 466 fr. 58 c.; le 2e 333 fr. 42 c.

1945. SOLUTION. Le gain du 1er sera de 2 526 fr. 42 c.; celui du 2e de 2 496 fr. 70 c.; celui du 3e de 2 476 fr. 88 c.

1946. SOLUTION. Elle sera de 1 828 fr. 12 c.

1947. SOLUTION. Le 1er aura 433 fr. 47 c.; le 2e 491 fr. 21 c.; le 3e 855 fr. 32 c.

1948. SOLUTION. Chacun des deux premiers aura 983 fr. 33 c.; le 3e aura 885 fr.; le 4e recevra 688 fr. 34 c.

1949. SOLUTION. La part du 1er sera de 14 666 fr. 67 c., celle du 2e sera de 13 333 fr. 33 c.

1950. SOLUTION. Le 1er touchera 7 445 fr. 15 c.; le 2e 10 933 fr. 43 c.; le 3e 9 621 fr. 42 c.

1951. SOLUTION. Au 1er relais il a payé 336 fr.; au 2e 280 fr.; au 3e 262 fr. 50 c.

1952. SOLUTION. Le 1er recevra 8 265 fr. 31 c.; le 2e 6 734 fr. 69 c.

1953. SOLUTION. Le 1er bureau touchera 5 161 fr. 29 c.; le 2e 5 677 fr. 42 c.; le 3e 5 161 fr. 29 c.

PROBLÈMES

SUR LA RÈGLE DE MÉLANGE OU D'ALLIAGE.

1954. On a mélangé ensemble 45 bouteilles de vin à 1 fr. 25 c., 70 à 0 fr. 75 c. et 85 à 0 fr. 50 c.; on demande ce que vaut la bouteille du mélange.

SOLUTION. Cette question se réduit à chercher le prix total du mélange, le nombre des bouteilles mélangées, puis à diviser le premier de ces résultats par le second :

Or, 45 bouteilles	à 1 fr.	25 c.	valent	56 fr.	25 c.
70 —	0	75		52	50
85 —	0	50		42	50

Donc les 200 bouteilles valent........... 151 fr. 25 c.

Divisant 151,25 par 200, on trouve pour le prix de chaque bouteille du mélange 0 fr. 75 625, c'est-à-dire 0 fr. 76 c.

1955. On a fondu ensemble 10 décag. d'argent à 0,785 *de fin* (1); 12 décag. à 0,540 et 8 décag. à 0,615; quel est le titre de l'alliage de ces trois lingots?

SOLUTION. Un lingot d'argent à 785 *millièmes de fin* contient sur 1 décagramme $\frac{785}{1000}$ d'argent pur. Cela posé, il est évident que

10 décag.	à 785 mill.	contiennent	0,785 × 10 ou 7 850 mill.
12 —	à 540	—	0,540 × 12 ou 6 480 —
8 —	à 615	—	0,615 × 8 ou 4 920 —

donc 30 décag. alliés ensemble contiennent........ 19 250 mill. d'argent pur; le titre du nouveau lingot sera par conséquent ex-

---

(1) Dans la bijouterie, l'argent ou l'or est toujours combiné avec d'autres métaux, tels que le cuivre; on appelle *titre* ou *degré de fin* de ces deux métaux, le rapport d'un poids déterminé d'argent ou d'or pur à un même poids de son alliage; ainsi, lorsque sur 10 grammes d'un alliage, il y en a 9 d'or fin ou d'argent pur, on dit que l'un ou l'autre est *au titre de* $\frac{9}{10}$ ou *à* $\frac{9}{10}$ *de fin*.

primé par $\frac{19\,250}{30}$ ou $\frac{1\,925}{3}$; c'est-à-dire qu'il est à 6 416 dix-millièmes, ou à 642 millièmes de fin.

1956. Un épicier a du café de deux qualités, l'un à 2 fr. 40 c. le kilog., l'autre à 2 fr. 75 c. ; il veut en faire un lot de 280 kilog. qu'il vendra 2 fr. 55 c. ; combien doit-il en mélanger de chaque sorte ?

SOLUTION. Le prix moyen 2 fr. 55 c., comparé aux deux autres, indique que chaque kilogramme de café à 2 fr. 40 c. apporte une diminution de 15 c., tandis que chaque kilogramme de café à 2 fr. 75 c. procure une augmentation de 20 c. ; mais puisque le produit de 15 × 20 est le même que celui de 20 × 15, il s'ensuit évidemment que la différence ou diminution de 15 c., répétée 20 fois, équivaudra à l'augmentation de 20 c., répétée 15 fois ; il faudra donc prendre 20 kilog. de café à 2 fr. 40 c. et 15 kilog. à 2 fr. 75 c. pour que le mélange de ces deux cafés puisse être vendu 2 fr. 55 c.

Pour former un nombre de 280 kilog. de ce mélange, on trouve qu'il faudra 160 kilog. à 2 fr. 40 c., et 120 kilog. à 2 fr. 75 c.

Mélanges.

1957. SOLUTION. Elle en renferme 42^{KG} à 1 fr. 10 c., 45^{KG} à 1 fr. 05 c., et 38^{KG} à 0 90 c.

1958. SOLUTION. Il vaut 0 fr. 85 c.

1959. SOLUTION. Ce prix est de 3 fr. 1375.

1960. SOLUTION. On mélangera 50^{L} de chaque espèce.

1961. SOLUTION. Il devra entrer dans ce mélange 3^{HL} à 20 fr., 3^{HL} à 18 fr., et 4^{HL} à 24 fr.

1962. SOLUTION. Ce revenu a été de 8 781 fr. 666.

1963. SOLUTION. La portée de ce fusil est de 352^{M}.

1964. SOLUTION. On mélangera 30^{L} à 0 fr. 60 c. avec 30^{L} à 0 fr. 75 c. et 45^{L} à 1 fr. 20 c.

1965. SOLUTION. Une partie d'air est composée de 0,21 *d'oxygène* et de 0,79 *d'azote* (1).

---

(1) Dans l'énoncé, *au lieu de* $123^{L}45$ d'oxygène et $466^{L}9$ d'azote, *lisez* $123^{L}9$ d'oxygène et $466^{L}1$ d'azote.

1966. Solution. La portée de cette pièce est de 632^{M}.

1967. Solution. On en a donné 30.

1968. Solution. On mélangera 2^{HL} à 12 fr. et 1^{HL} à 15 fr.

1969. Solution. Il vaut 15 fr. 0125 c.

1970. Solution. Il reviendra à 0 fr. 563.

1971. Solution. On y ajoutera 70^{L} d'eau.

1972. Solution. Il y a 26 565^{DG} *d'azote* et 7 935^{DG} *d'oxygène*.

1973. Solution. On en a donné 11.

1974. Solution. Il contient 29^{HL} à 25 fr. et 87 à 33 fr.

1975. Solution. Il vaudra 0 fr. 55 c.

1976. Solution. On le vendra 1 fr. 55 c.

1977. Solution. On en a mélangé 66^{KG}, 67 à 45 c. avec 33^{KG}, 33 à 0 fr. 60 c.

1978. Solution. Il a gagné en moyenne 10 fr. 23 c.

1979. Solution. On le vendra 4 fr. 02 c.

1980. Solution. Il contient 125^{L} à 0 fr. 55 c., 125^{L} à 0 fr. 65 c. et 250^{L} à 90 c.

1981. Solution. Le kilog. de sucre coûte 1 fr. 80 c.; le kilog. de bougie coûte 3 fr. 15 c. (1).

1982. Solution. Il a choisi 40^{HL} à 35 fr., 60^{HL} à 30 fr., et 50^{HL} à 26 fr.

1983. Solution. Elle contient 55^{KG} à 15 fr. et 80^{KG} à 12 fr.

Alliages.

1984. Solution. Le titre de ce lingot sera de 756 *millièmes de fin*.

1985. Solution. Il y entre 490 parties de *plomb* et 245 parties d'*étain*.

---

(1) Dans l'énoncé, *au lieu de* 32 fr. 85 c., *lisez* 31 fr. 95 c.

1986. Solution. Il vaut 0 fr. 1 756.

1987. Solution. Ce lingot est au titre de 273 *millièmes de fin.*

1988. Solution. Il y a 933,33 parties de *cuivre*, et 266,67 parties d'*étain.*

1989. Solution. Il contient 76 parties de *cuivre*, 38 de *nickel* et 38 de *zinc.*

1990. Solution. Ce lingot contient 160 parties de *bismuth*, 100 de *plomb* et 60 d'*étain.*

1991. Solution. On emploiera 500 kilog. de *cuivre* et 50 kilog. d'*étain.*

1992. Solution. Il faudra 45^{G} à 0,760 et 80^{G} à 0,840.

1993. Solution. On en a employé pour 15 fr. 52 c.

Échanges.

1994. Solution. On donnera 65^{KG}158 de chocolat.

1995. Solution. Il en a donné 93^{KG}33.

1996. Solution. On lui en donnera 73^{M}33^{cm}.

1997. Solution. Il y a perdu 24 fr. 50 c.

1998. Solution. Il doit augmenter cette valeur de 1 944 fr. 44 c.

1999. Solution. On lui en donnera 40 bouteilles.

2000. Solution. Le litre du 1er revient à 0 fr. 956; celui du 2e à 1 fr. 222. Différence : 0 fr. 266.

RÉCAPITULATION GÉNÉRALE.(1)

Problèmes divers.

2001. Un jardinier doit arroser, un à un, 60 pieds d'arbres plantés en ligne droite, distants l'un de l'autre de 4 mètres, et la source où il faut puiser l'eau se trouve à 10 mètres du 1er arbre. On demande combien il a de mètres à parcourir pour faire son ouvrage.

Solution. Il est clair que, pour arroser le 1er arbre, il doit parcourir 2 fois la distance qui le sépare du lieu où il puise l'eau, c'est-à-dire $10^m \times 2$ ou 20^m; que pour arroser le 2e, il parcourra ces 20^m et 2 fois la distance qui sépare les arbres, ou $20 + 8 = 28^m$; pour le 3e, $28 + 8 = 36^m$, et qu'après les avoir arrosés tous, il aura parcouru un nombre de mètres exprimés par la somme des termes d'une progression arithmétique ayant 20 pour premier terme et pour dernier $20 + 8 \times 59 = 20 + 472 = 492$, dont le rang est désigné par 60. Cette somme est $(20 + 492) \times 30 = 512 \times 30 = 15\,360$; ainsi, le jardinier parcourra $15\,360^m$ pour exécuter son ouvrage.

2002. Un peintre possède 8 tableaux qu'il veut vendre à raison de 150 fr. pièce; on lui offre de les prendre tous en payant 5 fr. le moins beau, 10 fr. le suivant, et en doublant ainsi le prix de chacun des autres jusqu'au dernier; quelle est la vente qui lui serait la plus avantageuse?

Solution. D'abord, il est clair que le peintre veut avoir 150 fr. $\times$ 8 ou 1 200 fr. de ses 8 tableaux. Maintenant il s'agit de savoir combien il en retirerait d'après l'offre qui lui est faite. Or, pour cela, il suffit de calculer la somme des termes d'une progression

(1) La plus grande partie des Problèmes qui vont suivre pouvant être résolus, soit par les méthodes ordinaires, soit à l'aide des logarithmes, nous engageons les élèves à employer l'un et l'autre moyen.

par quotient, dont le nombre des termes égale 8, le premier 5, et la raison 2. Or, cette somme égale 5 $\frac{5\times 2^8-5}{2-1}=5\times 256-5$ $=1\,275$. Il en résulte que le peintre gagnerait 75 fr. dans le second cas : l'offre lui est donc plus avantageuse que le prix qu'il en exige.

2003. Lorsque Sissa eut inventé le jeu des échecs, Sirham, roi des Indes, en fut si satisfait, qu'il lui offrit pour récompense tout ce qu'il pourrait désirer. Le philosophe ingénieux demanda seulement 1 grain de blé pour la 1re case de l'échiquier, 2 grains pour la seconde, 4 pour la 3e, et ainsi de suite, en doublant toujours jusqu'à la 64e et dernière case. Le roi, d'abord scandalisé d'une demande qui lui semblait si peu digne de sa munificence, gratifia autrement Sissa, quand il connut la solution de ce problème. On propose donc de découvrir combien de grains de blé il aurait fallu lui donner.

Solution. Le nombre des grains de blé est évidemment la somme des termes d'une progression géométrique dans laquelle le premier terme est 1, la raison 2, et le nombre des termes 64. Or, cette somme égale $\frac{2^{64}-1}{2-1}=2^{64}-1=18\,446\,744\,073\,709\,551\,615$.

On voit que toute l'opération consiste à retrancher 1 de la 64e puissance de 2. Pour arriver plus promptement à cette puissance de 2, on peut calculer d'abord sa 8e puissance, puis former encore la 8e puissance du résultat obtenu, ce qui donnera la 64e puissance de 2.

2004. Une personne a placé 8 000 fr. pour 6 ans; le taux annuel est convenu à 5 p. 100, intérêt composé ; on demande ce qu'elle touchera, tant en principal qu'en intérêts, lors du remboursement.

Solution. Il est clair qu'à ce taux, un capital de 100 fr., augmenté de ses intérêts, s'élèvera à 105 fr. ou 100. (1,05) après un an. Maintenant, pour connaître la somme due à la fin de la 2e année, on fera la proportion 100 : 100.(1,05) :: 100.(1,05) : x; ce 4e terme, qui égale $100.(1,05)^2$, est le capital de la 3e année : on trouverait de même que la somme due à la fin de cette 3e année égale 100. $(1,05)^3$, et qu'au bout de 6 ans, elle s'élève à 100. $(1,05)^6$.

Mais 8 000 fr. sont 80 fois plus grands que 100 fr.; la somme x, qu'on doit retirer après 6 ans, équivaut donc à $80.100.(1,05)^6 = 8\,000.(1,05)^6$.

Opérant par logarithmes, on trouve log. $x =$ log. 8 000 + 6 log. 1,05 = 3,90 309 + 0,12 714 = 4,03 203, et enfin $x = 10\,720$ fr.

Remarque. Si au lieu de 6 ans la somme était restée 6 ans 7 mois, alors on aurait eu pour ce temps $x = 8\,000.(1,05)^{6+\frac{7}{12}}$ ou $x = 8\,000.(1,05)^{6,58}$; d'où log. $x =$ log. 8 000 + $(6 + \frac{7}{12})$ log. 1,05 = 3,90 309 + 0,13 950 = 4,4 259, et enfin $x = 11\,038$ fr.

2005. D'un baril contenant 100 litres de vin, on tire tous les jours un litre qu'on remplace par un litre d'eau; combien de fois faudra-t-il répéter cette opération pour que le vin soit réduit à un quart?

Solution. Le vin diminuant d'un centième chaque fois, les nombres qui expriment les quantités de vin qui restent successivement dans le tonneau, forment une progression géométrique décroissante, dont le premier terme est 100, le second 99, le dernier $\frac{1}{4}$ de 100l ou 25l, et la raison $\frac{100}{99}$.

Or, les 25 litres de vin qui doivent rester dans le baril après la dernière opération étant précisément la valeur du dernier terme de cette progression, dont le nombre des termes surpasse évidemment d'une unité celui des opérations à effectuer avant de l'obtenir, en désignant ce dernier nombre par x, on aura pour le déterminer $100 : (\frac{100}{99})^x = 25$, ou $25 \times (\frac{100}{99})^x = 100$ (1), ou $25.(1,0101)^x = 100$. De là, log. 25 + x log. 1,0 101 = log. 100, ou x log. 1,0 101 = log. 100 − log. 25, et, divisant par log. 1,0 101, $x = \frac{\text{log. } 100 - \text{log. } 25}{\text{log. } 1{,}0101} = \frac{0{,}60206}{0{,}00436} = 138{,}08$. Ce qui apprend qu'il faudra tirer environ 138l08.

2006. Un particulier emprunte 6 000 fr. à 5 p. 100, intérêts composés, et s'engage à les rembourser en

(1) Cette seconde expression s'obtient en multipliant la première par la division $(\frac{100}{99})^x$. On fait ce changement afin d'éviter la division de deux logarithmes négatifs, qui conduirait à la vérité au même résultat, mais dont la démonstration appartient à l'algèbre.

payant chaque année une somme de 1 000 fr.; pendant combien de temps payera-t-il cette annuité pour éteindre à la fois le capital et les intérêts?

SOLUTION. Soit x le temps qu'il mettra à s'acquitter, et cherchons, d'une part, à combien s'élèvera sa dette après ce temps; de l'autre, quelle sera la valeur des payements effectués, y compris les intérêts.

D'abord le capital 6 000 fr., avec les intérêts composés à 5 p. 100 calculés pour x années, s'élèvera à $6\,000.(1,05)^x$; c'est toute la dette du débiteur.

En second lieu, les premiers 1 000 fr. versés un an après l'emprunt, ou $x-1$ ans avant l'échéance du dernier payement, doivent valoir des intérêts au débiteur pendant ces $x-1$ années, et conséquemment élever le capital remboursé à $1\,000.(1,05)^{x-1}$; de même son 2e versement doit lui compter pour $1\,000.(1,05)^{x-2}$; son 3e, pour $1\,000.(1,05)^{x-3}$, et ainsi des autres jusqu'au dernier, qui ne vaut que 1 000 fr. Toutes ces valeurs $1\,000.(1,05)^{x-1}$, $1\,000.(1,05)^{x-2}$, $1\,000.(1,05)^{x-3}$, ..., $1\,000.(1,05)^2$, $1\,000.(1,05)$ et 1 000, considérées dans un ordre rétrograde, forment visiblement entre elles une progression croissante par quotient, dont le premier terme est 1 000, la raison 1,05, le nombre des termes x, et dont la somme des termes qui s'exprime par $\frac{1\,000.(1,05)^x - 1\,000}{1,05-1}$, ou $\frac{1\,000.(1,05)^x - 1\,000}{0,05}$, ou $\frac{(1,05)^x - 1}{0,00\,005}$, représente la totalité des capitaux et des intérêts qu'il a versés.

Or, cette somme doit nécessairement égaler la dette que l'on vient de calculer, sans quoi elle ne l'éteindrait pas; il faut donc qu'on ait $\frac{(1,05)^x - 1}{0,00\,005} = 6\,000.(1,05)^x$. Cette expression étant multipliée par 0,00005, se change en $(1,05)^x - 1 = 0,3.(1,05)^x$; puis, en ôtant de chaque côté $0,3.(1,05)^x$ et y ajoutant 1, elle devient $0,7.(1,05)^x = 1$.

Alors, prenant les logarithmes pour avoir x, il en résulte $\log.\ 0,7 + x \log.\ 1,05 = \log.\ 1$; d'où $x \log.\ 1,05 = \log.\ 1 - \log.\ 0,7 = -\log.\ 0,7$, et enfin $x = \frac{-\log.\ 0,7}{\log.\ 1,05} = \frac{-(-0,15,490)}{0,02\,119} = \frac{0,15\,490}{0,02\,119} = 7^{\text{ans}}\ 3^{\text{m}}\ 21^{\text{j}}$. Ainsi, l'emprunteur devra payer l'annuité pendant 7 ans 3 mois et 21 jours.

PROBLÈMES DIVERS.

2007. SOLUTION. Il a vendu le litre 0 fr. 50 c. et a gagné 225 fr.

2008. SOLUTION. Ces *trois* nombres sont 125, 126 et 127.

2009. SOLUTION. Il a vendu pour 2 837 fr. Chaque glace a coûté 280 fr.; chaque fauteuil 60 fr.

2010. SOLUTION. Chaque cheval de cavalerie a coûté 500 fr. On a gagné par tête 30 fr.

2011. SOLUTION. On a vendu 2 fr. 50 c. le mètre de la 2e étoffe; ce commis a gagné 32 fr. 04 375.

2012. SOLUTION. Il a vendu pour 8 640 fr., a gagné en tout 1 440 fr. ou 2 fr. par mètre.

2013. SOLUTION. Au taux de 4 fr. 25 p. 100.

2014. SOLUTION. Il avait 14 pièces d'or en entrant au jeu, 18 en le quittant; il a gagné 104 fr. 75 c.

2015. SOLUTION. Il a perdu 429 fr.; il gagnera 2 513 fr.

2016. SOLUTION. Ce convoi a rapporté 940 fr. 10 c. Une place de 3e coûte 1 fr. 60 c.

2017. SOLUTION. Une place de 2e coûte 4 fr. 35 c.

2018. SOLUTION. Il a payé 6 fr. 25 c. par bœuf.

2019. SOLUTION. Il avait 25 chevaux.

2020. SOLUTION. Ils étaient 60.

2021. SOLUTION. Chaque soldat a reçu 20 cartouches et en possède encore 5.

2022. SOLUTION. Cette bibliothèque renferme 2 500 volumes.

2023. SOLUTION. Chaque ouvrier recevra 15 fr.

2024. SOLUTION. On doit la vendre 1 fr. 50 c. le litre.

2025. SOLUTION. Le litre de liqueur valait 2 fr. 25 c.

2026. SOLUTION. Ce 3e angle est de 84° 15′ 46″.

2027. SOLUTION. On a gagné 25 fr.

2028. SOLUTION. Chaque enfant en aurait eu 5.

2029. SOLUTION. Ils en auraient copié 126.

2030. SOLUTION. On emploiera 8 166 rouleaux.

2031. SOLUTION. Il le vendra 1 fr. 60 c. la bouteille.

2032. SOLUTION. Les *douze* douzaines auraient coûté 132 fr.

2033. SOLUTION. L'une recevra 60 fr., l'autre 12.

2034. SOLUTION. La 1re aura 3 000 fr., la 2e 12 000 fr., la 3e 15 000 fr.

2035. SOLUTION. Le 1er recevra 7 500 fr., le 2e 4 500, le 3e 3 000.

2036. SOLUTION. Dans 21 ans.

2037. SOLUTION. On recevra ou 5 pièces de chaque espèce, ou bien 4 de 5 fr., 9 de 2 fr. et 2 de 1 fr., ou enfin 6 de 5 fr., 1 de 2 fr. et 8 de 1 fr.

2038. SOLUTION. Il a gagné 357 fr. 50 c.

2039. SOLUTION. Il a perdu 1 518 fr. 75 c.

2040. SOLUTION. Ce diviseur est 123.

2041. SOLUTION. Il doit toucher 7 500 fr.

2042. SOLUTION. Il s'adresse à 6 débiteurs; il lui faut 1 950 fr., il doit demander à chacun 325 fr.

2043. SOLUTION. Le père a 42 ans, la mère en a 30, le fils en a 6.

2044. SOLUTION. Le frère de cet écolier a 15 ans.

2045. SOLUTION. Ce joueur a gagné 70 fr. (1).

2046. SOLUTION. Ils se rejoindront à 669KM 60 du point de départ.

2047. SOLUTION. Ce courrier a marché pendant 12 heures; ils avaient à parcourir 195KM.

2048. SOLUTION. Elles fournissent 3HL 44L $\frac{4}{7}$ de litre.

(1) Dans l'énoncé, *au lieu de* ajoutez 15 au quotient et multipliez ce résultat par 5, *lisez* multipliez le quotient par 5 et ajoutez 15 au produit, vous aurez pour résultat.....

2049. SOLUTION. Ces *trois* nombres sont 253, 317 et 435.

2050. SOLUTION. L'un est 60, l'autre 6.

2051. SOLUTION. Ils se rencontreront à 213km 333 de Paris.

2052. SOLUTION. Il lui faut 33 couronnes, 11 de chaque espèce.

2053. SOLUTION. Elle le vendra 0 fr. 3125 le litre.

2054. SOLUTION. Il doit les vendre 0 fr. 80 c. la douzaine.

2055. SOLUTION. Ce nombre est 49.

2056. SOLUTION. C'était le 3 juin.

2057. SOLUTION. Ce nombre est 83.

2058. SOLUTION. Cette dépense montera à 3 060 fr.

2059. SOLUTION. Ce dividende est de 79 408.

2060. SOLUTION. Ce papier revient à 1 fr. 50 c. le kilog.

2061. SOLUTION. Ce nombre est 1 169.

2062. SOLUTION. Il a gagné 290 fr.

2063. SOLUTION. On a gagné 45 pièces, 15 de chaque espèce.

2064. SOLUTION. Ce volume revient à 5 fr.; il valait sans remise 7 fr. 50 c.

2065. SOLUTION. Ils auraient coûté 1 500 fr.

2066. SOLUTION. Ils les auraient faits en 21 jours $+\frac{3}{7}$.

2067. SOLUTION. Ils valent 577 fr. 50 c.

2068. SOLUTION. Il les vendra 80 fr. chacune (1).

2069. SOLUTION. Elle reviendrait à 1 181 fr. 25 c.

2070. SOLUTION. Le traitement annuel de cet instituteur s'élève à 1 200 fr.; il a 50 élèves.

2071. SOLUTION. Il y a 837 fantassins, 279 cavaliers et 93 artilleurs.

---

(1) Dans l'énoncé, *au lieu de* 440 fr., *lisez* 450 fr.

2072. Solution. On en devra extraire $2^{kg},444\,445$.

2073. Solution. On en ajoutera $3^{KG}\,525^{G}$.

2074. Solution. On recevra 895, 5 frédérics.

2075. Solution. La toile devra subir une dépréciation de 0 fr. 1575 par mètre.

2076. Solution. La somme de ces intérêts est de 30 fr. 15 c.

2077. Solution. Cette maison devait alors 10 992 fr. 11 c.

2078. Solution. Ce négociant doit encore 6 615 fr. 625.

2079. Solution. La 1re maison redoit à la 2e 4 339 fr. 04 c.

2080. Solution. On re[illegible] a 46 fr. 56 c.

2081. Solution. Son [illegible] était de 1 020 000 fr.

2082. Solution. Le 1[illegible] touchera 40 500 fr.; le 2e 59 400 fr.; le 3e 75 600 fr.

2083. Solution. Il y figurait pour 4 566 fr. 66 c.

2084. Solution. Le 1er recevra 105 000 fr.; l'aîné en aura 84 000; et le second en aura 35 000.

2085. Solution. On donnera à la mère 40 800 fr.; au fils, 27 200; à la fille, 102,000.

2086. Solution. L'un avait 135 fr., l'autre en avait 12.

2087. Solution. La 1re a reçu 493 fr. 90 c.; la 2e 197 fr. 56 c.; la 3e 658 fr. 54 c.; et la 4e 450 fr.

2088. Solution. On emploiera 10 pièces de *quarante* francs, 4 de *vingt*, et 25 de *cinq* francs.

2089. Solution. Ce nombre est 8.

2090. Solution. Les *deux* aînés ont 7 ans. Le plus jeune a 3 ans.

2091. Solution. Chacun en a reçu 6.

2092. Solution. Ce sont les nombres 27 et 12 (1).

---

(1) Dans l'énoncé, *au lieu de* 514, *lisez* 524.

2093. SOLUTION. Il avait 35 ans.

2094. SOLUTION. Ce sont les nombres 12 et 9 (1).

2095. SOLUTION. Le 1er de ces nombres est 36, l'autre 18.

2096. SOLUTION. Il avait 42 ans.

2097. SOLUTION. Le côté de ce terrain aurait 12^M.

2098. SOLUTION. Le côté de ce carré serait 15.

2099. SOLUTION. Il en a vendu 42 mètres.

2100. SOLUTION. Ce rayon est de 9 mètres (2).

2101. SOLUTION. Ce diamètre est 10.

2102. SOLUTION. Ce sont les nombres 16 et 8.

2103. SOLUTION. Ce sont les nombres 24 et 12.

2104. SOLUTION. C'est le nombre 47.

2105. SOLUTION. C'est le nombre 33.

2106. SOLUTION. C'est le nombre 18.

2107. SOLUTION. Il y a 55 caisses contenant chacune 55 oranges d'une valeur de 0 fr. 55 c. chaque.

2108. SOLUTION. Le mètre coûte 31 fr.; on en a vendu 931 en 31 jours.

2109. SOLUTION. L'autre nombre est 17.

2110. SOLUTION. Ce sont les nombres 48 et 13.

2111. SOLUTION. Ses dimensions sont 3 mètres.

2112. SOLUTION. La longueur de ce rayon est de $3^M 50^{cm}$.

2113. SOLUTION. Ce rayon serait de $3^M 25^{cm}$.

2114. SOLUTION. Ce serait 4 mètres.

2115. SOLUTION. On divisera ce nombre en 47 et 28.

2116. SOLUTION. Cette moyenne proportionnelle est 12.

2117. SOLUTION. Ces deux parties seront 12 et 9 (3).

---

(1) Dans l'énoncé, *au lieu de* 93, *lisez* 63.

(2) Dans l'énoncé, *au lieu de* 282,4696, *lisez* 254,4696.

(3) Dans l'énoncé, *au lieu de* 1728, *lisez* 2457.

2118. SOLUTION. Il a reçu 85 fr. 25 c.

2119. SOLUTION. Il avait chassé 9 fois.

2120. SOLUTION. Il avait payé en tout 12 675 fr.

2121. SOLUTION. Chaque payement sera augmenté de 5 francs.

2122. SOLUTION. Ces moyens sont : 16, 24, 32, 40, 48, 56 (1).

2123. SOLUTION. Il aura économisé 276 fr. 90 c.

2124. SOLUTION. Il y a servi 7 ans.

2125. SOLUTION. Il en avait 60.

2126. SOLUTION. On lui offre 45 fr. de moins.

2127. SOLUTION. Il veut les vendre 20 475 fr.

2128. SOLUTION. Ces moyens sont 12, 24, 48, 96.

2129. SOLUTION. On lui a retenu 30 fr. 25 c.

2130. SOLUTION. Il doit 10 250 fr.

2131. SOLUTION. Il y avait 5 pauvres.

2132. SOLUTION. 20 *livres sterlings* valent 166, 25 roubles.

2133. SOLUTION. Cette racine est 0,68.

2134. SOLUTION. On touchera alors 16 059 fr. 25 c.

2135. SOLUTION. Pendant 8 ans 3 mois et 21 jours.

2136. SOLUTION. Il durera pendant 7 ans 4 mois 5 jours.

2137. SOLUTION. Elle sera de 1 055 fr. 44 c.

2138. SOLUTION. Il sera doublé en 7 ans 3 mois 5 jours.

2139. SOLUTION. Il faudra placer 2 021 fr. 40 c.

2140. SOLUTION. L'annuité sera de 3 384 fr. 23 c.

(1) Dans l'énoncé, *au lieu de* 8 moyens, *lisez* 6 moyens.

FIN.

Paris. — Typ. de Mme Ve Dondey-Dupré, rue Saint-Louis, 46.

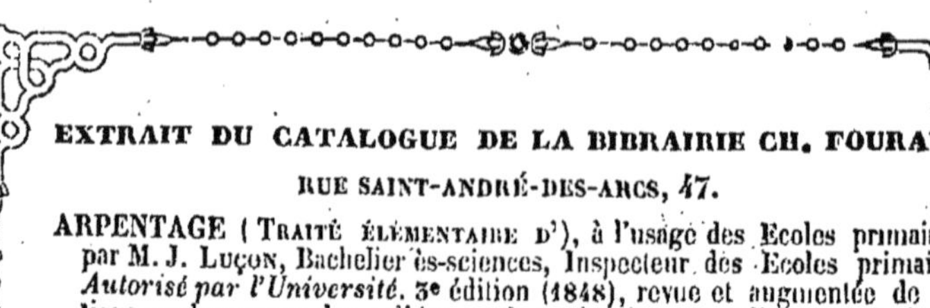

Imp. Dondey-Dupré, r. St-Louis, 46, au Marais.

www.ingramcontent.com/pod-product-compliance
Ingram Content Group UK Ltd.
Pitfield, Milton Keynes, MK11 3LW, UK
UKHW021055200726
13857UKWH00003B/936